iT邦幫忙鐵人賽

博碩文化

打通 RxJS 任督二脈 第二版
從菜雞前進老鳥必學的關鍵知識

2020
iT邦幫忙
鐵人賽
冠軍
iThome

第一本介紹 RxJS 的繁體中文書籍
從核心理念到實戰練習，一步步帶你打通 RxJS 任督二脈！

▶ 寫出更加穩固、流暢、好讀易維護的程式碼
▶ 超過 70 個 operators 圖文介紹與實戰範例
▶ 由淺入深，讓你紮穩馬步，一定學得會

黃升煌 (Mike) ——— 著

Will 保哥 | Kevin | Kuro | 上官林傑 | 李建杭　　專業推薦

 本書提供線上資源下載

本書如有破損或裝訂錯誤，請寄回本公司更換

作　　者：黃升煌 (Mike)
責任編輯：林楷倫

董 事 長：曾梓翔
總 編 輯：陳錦輝

出　　版：博碩文化股份有限公司
地　　址：221 新北市汐止區新台五路一段 112 號 10 樓 A 棟
　　　　　電話 (02) 2696-2869　傳真 (02) 2696-2867

郵撥帳號：17484299　戶名：博碩文化股份有限公司
博碩網站：http://www.drmaster.com.tw
讀者服務信箱：dr26962869@gmail.com
訂購服務專線：(02) 2696-2869 分機 238、519
（週一至週五 09:30 ～ 12:00；13:30 ～ 17:00）

版　　次：2024 年 2 月二版一刷

建議零售價：新台幣 650 元
I S B N：978-626-333-774-9
律師顧問：鳴權法律事務所 陳曉鳴 律師

國家圖書館出版品預行編目資料

打通RxJS任督二脈：從菜雞前進老鳥必學的關鍵知識
/ 黃升煌(Mike)著. -- 第二版. -- 新北市：博碩文化股份
有限公司, 2024.03
　　面；　公分. -- (iT邦幫忙鐵人賽系列書)

ISBN 978-626-333-774-9 (平裝)

1.CST: 電腦程式設計 2.CST: 網頁設計

312.2　　　　　　　　　　　　　　　113001676

Printed in Taiwan

博 碩 粉 絲 團
歡迎團體訂購，另有優惠，請洽服務專線
(02) 2696-2869 分機 238、519

推薦序一

大家好，我是 Will 保哥，我在 Web 圈子裡打滾了 20 多年，第一次接觸 ReactiveX 大約是在 2011 年左右，當時甚至都還沒有 RxJS 的存在。我在當年翻譯了一本原文書《Windows Phone 開發實戰》，其中還有一整章在講解 Reactive Extensions for .NET 這個主題。我不誇張的告訴各位，當初真的翻譯到懷疑人生，超多抽象概念，翻譯的時候不但自己看不太懂，身邊更沒有任何一個人懂。由於是翻譯書的關係，對於原文的原意必須充分理解才能對讀者交代，所以我花了大量的時間撰寫原書中沒有的例子，確認自己理解才能把一句話到位的翻譯出來，否則誤人子弟那就慘了！

有用過 RxJS 的人應該都知道，初次接觸的時候，大概都只會基本的操作而已，然後當中只要涉及更深一層的抽象概念，就很容易卡關。當你沒辦法對一個抽象概念進行理解，這個概念就會一直處於「抽象」的狀態，這會讓人無法進入深層的思考，對於未來會面臨的未知問題毫無幫助，因為你將無法舉一反三，自然也很難真正應用在實務上！

若要真的讓一個人打通 RxJS 任督二脈，其最重要的就是徹底理解 RxJS 重要的核心觀念，搭配著實作練習驗證這些觀念，才能讓一個人清晰的掌握這些關鍵知識！

我跟 Mike 共事多年，平時除了在工作上會一起處理各種專案所遇到的難題之外，也經常會在技術選型與架構觀念上進行討論，有時候甚至會到「激辯」的程度，雖然我「偶爾」會戰輸，但 Mike 真正讓我印象深刻的地方，在於 Mike 在遇到觀念不清晰的地方，會追根究底的把它摸透，甚至會花大量時間寫 Code 摸索與驗證，確定之後會再跑來跟我繼續戰，直到我們都一致同意最終的結論。這樣的辯證的過程，其實非常過癮！

我經常說「會寫 Code 跟會教人寫 Code 是兩個完全不同的技術」，要把一個抽象概念講清楚，除了需要累積多年的開發經驗之外，平時還要能對技術

的細節進行鑽研，以及具備一定程度的教學經驗，才知道「菜雞」是否真的能夠理解。一般人光是要把 Code 漂亮的寫出來就已經有點困難了，何況還要把這麼多概念講清楚，真的是難上加難。

不過，由於 Mike 的邏輯思維非常好，這些年也跟著我一起做教學，對於描述一個抽象觀念都能有相當深入的見解。我在閱讀本書的時候就發現，他幾乎把所有跟 RxJS 相關的知識與觀念全部都寫進了這本書裡，完整度之高也著實讓我相當意外。

本書穿插著各種程式碼實作與觀念解說，每個範例程式還有附帶 QR Code 讓讀者可以方便線上查閱可執行的程式碼，在觀念驗證的同時，立刻就有程式碼可以佐證觀念，程式碼還有完整的註解可以看，這就好像 Mike 老師就在身邊教你一樣，真的非常貼心！

本書有一整章的實戰練習單元，他將各種透過 RxJS 解決問題的過程進行了完整的梳理，我相信任何前端工程師都可以從此書獲得相當大的助益！

對了，你如果看完書之後，還對 RxJS 還有任何問題，歡迎隨時到 Angular Taiwan[1] 臉書社團提問，我們隨時在上面等你！☺

多奇數位創意 技術總監、Google Developer Expert、Microsoft MVP

Will 保哥

2021/6/27

部落格：https://blog.miniasp.com/
臉書專頁：https://www.facebook.com/will.fans/

1　https://www.facebook.com/groups/augularjs.tw/

推薦序二

RxJS，還記得我第一次 Angular Taiwan 小聚分享的主題就是 RxJS，在那之後也持續推廣分享關於 RxJS 的美麗。與作者 (Mike) 的認識也是因為 Angular 社群，之後他也為台灣 Angular 圈付出許多，各種技術分享、文章、鐵人賽冠軍作品等，而本書是他去年鐵人賽的作品，內容十分精彩，Mike 出品必屬佳作。

RxJS 在台灣推廣和相關開發觀念的人不在少數，大家都投入不少的時間和精力進行推廣，但為什麼真正受惠於 RxJS 的人數並沒有很多？主要原因是開發觀念與大家平時接受的訓練是不一樣的，是一個很陌生的領域。作者結合他這幾年對於 RxJS 的研究及實務上的經驗，有條理脈絡的將這本書的內容完成，從觀念到 RxJS 本身 API 的解釋，將複雜概念化身容易理解的文字，這都展現出作者的專業，即使對已經熟悉 Reactive Functional Programming 開發熟悉的人，也可以從中得到收穫。

最後，還是要認真的推薦這一本書，一本值得買來收藏的書，這一本書不只有教你 RxJS，而是會帶領你進入另外一個世界，一個會讓你有相見恨晚的美麗世界

Angular GDE

Kevin

推薦序三

RxJS 讓你更優雅地打出前端連續技

前端的技術日新月異，程式碼的撰寫風格也隨著時代與需求不斷地改變。

如果你平時有在關注前端技術的話，其實不難發現，現今三大前端框架 Vue、Angular、React 都朝著宣告式程式設計（Declarative programming）的目標在發展，開發者們開始把程式開發時的關注點從指令、流程的步驟，轉變為描述目標的性質，將原始資料經過一連串的轉換，變成最終所想要的資訊。

而 RxJS 的基礎：ReactiveX 就是依循此概念而生。

更進一步來說，ReactiveX 最適合解決「非同步」與「串流」這樣的問題，而這樣的問題往往對於前端開發人員而言是避無可避的夢靨。

說來慚愧。對我來說 RxJS 不算是個新名詞，甚至早在台灣前端年會 JSDC 2017 就有相關的講題分享，但在工作上一直沒機會正式導入，於是長久以來就停留在淺嘗輒止的程度而已。

這次很榮幸應本書：《打通 RxJS 任督二脈：從菜雞前進老鳥必學的關鍵知識》作者 Mike（黃升煌）的邀請，讓我能夠提前拜讀這本大作，透過這本書真正讓我重新認識 RxJS，看完後也確實有如書名所說，打開任督二脈的暢快淋漓之感。

與仿間程式書籍不同的是，Mike 在本書中透過大量的範例實作，並且結合 StackBlitz 平台提供讀者直接在瀏覽器上面即時執行，大大降低了讀者在學習時對環境建置的負擔，能夠更專注在 RxJS 的學習上。

雖然 RxJS 與 Angular 有著高度緊密的關係，但這並不代表你需要先學 Angular 才能學習 RxJS。相對地，RxJS 可以運用在任何前端框架 / 函式庫身上，甚至你想讓它與 jQuery 搭配都沒問題。

在閱讀本書的過程中，我也改寫了好幾個範例，順利讓 RxJS 與 Vue 3 composition API 的程式碼順利配合運作。其中讓我印象最深刻的是第四章的 autoComplete 練習，因為這幾乎是我的面試考題之一（笑），這功能人人會寫，但要寫得好卻不容易。

透過 Mike 在本書中各種 RxJS 例題的演繹，我保證你跟著書中範例做完一輪，完全可以感受到什麼叫做簡潔、優雅且易讀的程式碼。

最後，很開心看到台灣前端技術圈又多了一本大作，我相信《打通 RxJS 任督二脈：從菜雞前進老鳥必學的關鍵知識》這本書絕對不會讓你失望。

想要快速打出前端連續技嗎？ 讓技術老司機 Mike 打通你的任督二脈吧！

Vue.js Taiwan 社群主辦人、
《重新認識 Vue.js：008 天絕對看不完的 Vue.js 3 指南》作者
Kuro

推薦序四

隨著愈來愈多應用程式、系統程式提供 web 操作界面，網頁前端開發中的 JavaScript 等技術早就不是單純讓網頁「動」起來，網頁前端的 JavaScript 程式碼已是整個操作系統的核心，要處理的開發情境的責任也更加全面。

Reactive 程式設計（Reactive programming）是在處理資料流變動傳遞（propgation of change）的設計典範，而 RxJS 則是以 JavaScript 實作這個典範的函式庫，運用觀察者設計模式（Observer pattern）的基礎，幫助 JavaScript 開發人員更輕鬆使用非同步程式碼或回呼函式（callback function）來實現 Reactive 程式設計。

本書從 RxJS、資料流、觀察者模式等基礎開始，幫助讀者瞭解需要解決的問題、以及 RxJS 是從什麼角度來提供解決方案，讓剛入門的初學者可以打好基礎，或是有經驗的開發人員釐清觀念；接著除了 RxJS 各項使用教學以外，最寶貴就是示範如何將其應用在實戰場景，試圖弭平學用落差，最後也不藏私地介紹進階學習方針，讓讀者都能好好地吸收作者的經驗，跟他一起深耕這個技術領域。

在開發技術飛快進步的時代，願意寫書傳承自己累積的開發經驗、提供給後進或是入門的初學者一個系統化的學習，是很不容易的。身為 Google Developers Expert - Angular 類別的 Mike Huang 所打造的《打通 RxJS 任督二脈：從菜雞前進老鳥必學的關鍵知識》一書，專業度是無庸置疑的，我很高興像他這樣有能力的軟體開發人員寫出這本書，將自己的專業及影響力擴散出去，也希望幫助更多前端軟體工程師不斷成長！

Google 台灣香港開發者生態系計劃負責人

上官林傑

推薦序五

RxJS 讓你開發飛起來

在一個凡是求快求好的時代，什麼東西都要快還要好，在程式開發領域也是相同，越來越多的框架讓我們開發速度大幅提昇，而開發觀念也與以往的開發觀念大不相同，不同的開發模式造就各式各樣不同的程式撰寫方式（阿你以為就敲敲字？），從 Amos 十數年的開發經驗，完全能體會時代的變遷、開發模式的變化所帶來的明顯差異，隨著前端世界的越趨複雜，RxJS 的開發觀念也讓越來越多人開始重視。

一直以來經常都會有人問 Amos 有沒有推薦新手適合閱讀的網頁開發書籍，而目前市面上電腦技術書籍琳瑯滿目各式各樣，著實會有選擇困難，雖然 Amos 一貫秉持著推好推滿、小朋友才選擇、全都給他買下去的理念，但畢竟口袋君不是很 OK，那麼，在有限的選擇下，《打通 RxJS 任督二脈：從菜雞前進老鳥必學的關鍵知識》當然就是不二的選擇了。書中從必備的新手環境準備，到 RxJS 的關鍵知識與入門，最後再來個進階實務，可說是帶你走了一段從入門到 ...... 熟練（你以為我要講另一句對吧？）。

認識 Mike 多年，一直能感受到他對開發的超人熱誠，在各研討會與分享會中都能見到 Mike 熱血分享的身影，更是「iT 邦幫忙鐵人賽」的得獎常客！這次《打通 RxJS 任督二脈：從菜雞前進老鳥必學的關鍵知識》真的是一本新手進入 RxJS 的最好入門書了，內容深入淺出，用最淺白的詞句帶領開發者進入 RxJS 的領域，觀念的引導更是讓人易於吸收，不推薦實在說不過去啊！不多說！買下就好好研讀就對啦！

金魚都能懂的教學系列作者

Amos / 李建杭

作者序

感謝你願意抽空翻開這本書。會對本書有興趣的朋友,想必多半應該是工作上遇到了需要使用 RxJS 技術撰寫程式,卻不知該如何起步;或是好像對於 RxJS 懂了點什麼,在使用上卻又覺得好像卡卡的,怎麼樣都寫不順手……於是你上網或到書店搜尋 RxJS 相關的書籍,然後找到了。

當然,你也可能是聽說過 RxJS,想看看到底 RxJS 可不可以對你在程式撰寫上有任何的幫助,亦或你只是到書店隨手翻翻看到了這本書。

無論你是哪一種,會願意花時間閱讀,我想就表示你一定有想要增進自己某方面的程式撰寫能力。

恭喜,本書就是為了你而寫的!

我在學習 RxJS 的過程因緣際會從一些前輩的指導中,學習到很多關於程式開發的技巧與經驗,這些都是非常難能可貴的經驗,也讓我對「撰寫程式」這件事情開始有了自己的哲學。而後幾年,我在當時服務的多奇數位創意有限公司所舉辦的公開課程中擔任講師,負責講授 Angular 前端框架相關的開發知識。而在 Angular 中,正好大量運用到 RxJS(當然,除了 Angular 外,你也應該有機會在其他前端架構下看到 RxJS 的影子),因此,在授課過程中最常被問到的其中一個問題就是:希望能多講一些關於 RxJS 的知識。

在比較深入了解為何希望能多著墨在 RxJS 上後,我發現多數學員最常見的問題包含:

- 我看到很多 operators,但不知道該如何使用。
- 前輩說我用錯 operator,但我一樣可以達到需求,不知道錯在哪裡。
- 我只知道怎麼訂閱,但寫了越多訂閱程式卻越雜亂。

- RxJS 觀念好抽象啊，我根本不知道如何下手，感覺違反了我們寫程式的直覺。
- 其他⋯⋯

其實整體而言，我發現會覺得 RxJS 難以使用或太過抽象的原因都是：核心觀念不足！

由於大多時候都是被直接交辦工作，需要使用到 RxJS，而官方文件對於 RxJS 的核心概念又只是簡單帶過，因此對於新手來說覺得很抽象是必然的一件事情。

其實只要好好把這些觀念通通釐清，至少我自己的經驗上來說，RxJS 絕不只是一套工具，其中的核心觀念更是可以讓我寫出更加可靠程式碼的一種手段。

要不要使用 RxJS 是一回事，但如果能掌握住 RxJS 應用的核心觀念，對於新手開發人員來說一定會有莫大的幫助！

而這也激勵了我參加了第 12 屆 iT 邦幫忙鐵人賽，並撰寫了一系列「打通 RxJS 任督二脈」文章，很榮幸得到了該年度 Modern Web 組的冠軍，並得以重新彙整成本書。

沒錯，這本書就是要打通你對 RxJS 的任督二脈，透過紮根基礎觀念，讓你未來在寫程式時怎麼寫怎麼順手，同時又能掌握 RxJS 對資料流處理的超強能力，再複雜的需求都能梳理成流暢好讀的程式碼！

本書分成五大主軸，循序漸進地幫助你掌握 RxJS 的精隨：

- 第一章：RxJS 超快速入門
  幫助你快速進入 RxJS 的世界，寫出第一份 RxJS 程式碼。

- 第二章：RxJS 關鍵知識

  打通 RxJS 任督二脈的核心，藉由理解 RxJS 背後運用到的知識，釐清 RxJS 想要解決的問題以及適用的情境，寫出可靠的程式碼。

- 第三章：進入 RxJS 大門

  學習 RxJS 必備的知識，以及各種 operators 的應用，讓你少寫很多很多程式。

- 第四章：RxJS 實戰

  透過實際案例，學習如何把 RxJS 應用到實際的專案上，看看使用 RxJS 在專案內會是怎樣的流程與感受。

- 第五章：進階 RxJS 技巧

  一些可能不常用，但卻很重要的 RxJS 知識，幫助更加理解 RxJS 的原理及應用。

本書的每一章其實都可以獨立學習，你可以依照自己的狀況決定學習的先後順序。

最後，如果你在閱讀本書時有任何問題、想法或建議，歡迎透過我的臉書粉絲專頁與我聯繫：

https://www.facebook.com/fullstackledder

未來如果有更多 RxJS 或其他程式開發的經驗與心得，我也都會分享在我的部落格上：

https://fullstackladder.dev/

接下來就讓我們繼續往下，敲開 RxJS 世界的大門，打通任督二脈吧！

目錄

01 RxJS 超快速入門

02 RxJS 關鍵知識

03　進入 RxJS 大門

04 實戰練習

05 進階 RxJS 技巧與好用工具

RxJS 超快速入門

▶ 1-1 簡介 RxJS

RxJS 是 ReactiveX（又稱 Reactive Extensions，簡稱 Rx）這個概念透過 JavaScript 實作的類別庫；而 ReactiveX 本身則是透過組合一些常用的程式開發技巧，用來處理「**非同步**」及「**串流事件**」這類情境在開發時，容易導致程式碼與專案架構變得很複雜的問題，讓寫出來的程式碼更好理解、也更容易維護。

Reactive Extensions（ReactiveX、Rx）

其實 ReactiveX 本身只是一個觀念，以及一些作法的規範，讓我們先來看一下 ReactiveX 官網 [1] 的介紹（如圖 1-1）：

圖 1-1 資料來源：http://reactivex.io/

如同一進入網站就可以看到的介紹「An API for asynchronous programming with observable streams」，ReactiveX 使用了可觀察的（**Observable**）串流（**Stream**）來處理非同步程式設計（**Asynchronous Programming**）的 API 規範。

由於只是觀念結合的 API 規範，因此各種程式語言都可以針對這樣的規範實作開發出自己的 ReactiveX 類別庫，當我們學會了 ReactiveX 的基礎觀念

1　ReactiveX 官方網站：http://reactivex.io/

後，只要使用的程式語言有提供實作 ReactiveX 規範的類別庫，就可以用一致的思維來面對程式開發時遇到的問題。

如果把網頁再往下捲一點，可以看到 ReactiveX 組合了三個很重要的觀念（如圖 1-2）：

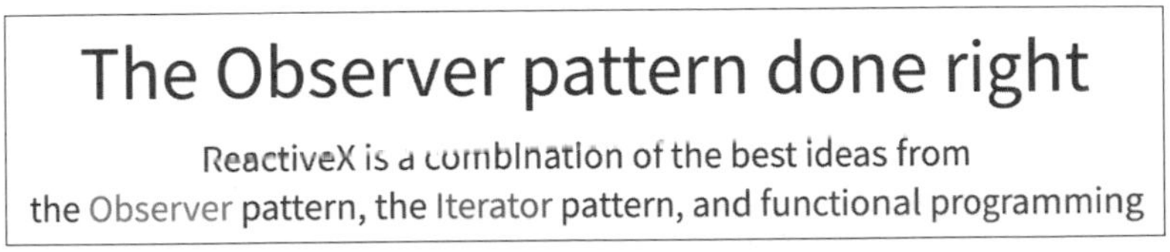

The Observer pattern done right

ReactiveX is a combination of the best ideas from
the Observer pattern, the Iterator pattern, and functional programming

圖 1-2　資料來源：http://reactivex.io/

這三個重要觀念分別是：

- 觀察者模式（Observer Pattern）
- 疊代器模式（Iterator Pattern）
- 函數語言程式設計（Functional Programming）

除此之外，ReactiveX 還定義了許多**操作符**（**Operators**）[2]，這些操作符可以幫助我們大幅簡化各種面對資料流程與非同步程式設計時會遇到的複雜問題，方便我們撰寫出更加簡短、好懂又易於維護的程式碼。

看到這邊，是否已經感覺到頭昏腦脹，許多過去可能沒聽過的名詞不斷地進入腦袋？如果是，那麼應該也不難想像為何許多人在學習 RxJS 的路上不得其門而入了，畢竟這些都是 ReactiveX 的基礎觀念。如果沒有把這些基礎穩固好，在不理解基礎觀念的情況下只學習如何使用，自然就很難領略其中的美好，導致無法靈活應用。不過別擔心，本書稍後將會對這些名詞與觀念進行較深入的介紹，讓你能快速掌握 ReactiveX 的精髓！

2　ReactiveX 的操作符（Operators）定義：http://reactivex.io/documentation/operators.html

如果上述這些名詞對你來說都已經很熟悉，也能自由的應用在程式開發中，那麼恭喜你已經具備進入 ReactiveX 殿堂的基礎能力了！接著就是靈活的運用這些觀念，並學習一些 ReactiveX 獨有的基本名詞，很快地就可以完全掌握 ReactiveX 開發囉。

最後快速整理一下，整個 ReactiveX 基本核心涵蓋了幾個核心問題：

- 非同步程式設計（Asynchronous Programming）

以及三個重要觀念組合：

- 觀察者模式（Observable Pattern）
- 疊代器模式（Iterator Pattern）
- 函數語言程式設計（Functional Programming）

而觀察者模式又會延伸出另外一個重要議題：資料串流處理（Stream）。

最後 ReactiveX 定義了許多操作符（Operators）幫助我們妥善地進行各種資料串流的處理。

這些觀念後續將會詳細的介紹。

ReactiveX v.s. RxJS

ReactiveX 只是觀念與規範，實際上各個程式語言都可以自行實作 ReactiveX 的類別庫，而目前熱門的程式語言也都有對應的實作，如本書主要介紹的 RxJS，還有 Rx.NET[3]、RxJava[4]、RxSwift[5] 和 RxGo[6] 等等，這些都可以在 ReactiveX 開發團隊的 GitHub 上找到[7]。

3　Rx.NET：https://github.com/dotnet/reactive

4　RxJava：https://github.com/ReactiveX/RxJava

5　RxSwift：https://github.com/ReactiveX/RxSwift

6　RxGO：https://github.com/ReactiveX/RxGo

7　ReactiveX 在各種語言下的官方實作：https://github.com/ReactiveX

由於 ReactiveX 已經先將 API 介面規範定義好了，因此可以確保不管是哪種程式語言，只要給予一樣的輸入，預期的輸出結果基本上一定會一樣！由於這些程式語言的 ReactiveX 實作也都是開源的，如果發現輸出結果跟預期不同，也可以輕易地在 GitHub 上發個 issue，或去看看這些輸出不一樣背後的理由是什麼。

當然，各種語言的常見的適應情境不同，因此也會發展出一些各自不同的 API，例如 JavaScript 多半用於網頁程式設計上，所以多了一些語言或情境獨有的處理方式，如 Promise、網頁事件等等。

而隨著前端世界越來越複雜，RxJS 也逐漸被更加重視，以現在前端三大框架 Angular、React 和 Vue 來說，在其生態圈也都可以看得到 RxJS 的影子，就算脫離這些框架，也有越來越多機會看到 RxJS 的應用。因此身為前端工程師，多花些心思投資在 RxJS 應該算是不錯的選擇。

在接下來的系列文章中，都會以 ReactiveX 的 JavaScript 實作，也就是 RxJS 為主來介紹。

> ⏰ **小提示：**
>
> 雖然以 RxJS 介紹為主，但還是希望你能著重在 ReactiveX 的觀念；因此在之後的文章中，若提到 ReactiveX，代表想強調的是觀念。若提到的是 RxJS，就會比較偏向實作的程式。如果一時之間無法判別，先當作一樣也是完全 OK 的！

除此之外，由於 RxJS 本身是由 TypeScript 開發的，而 TypeScript 本身是 JavaScript 的超集合，在語法上是完全相容的，只是多了一些型別的定義。在接下來的介紹中，本書也將會使用 TypeScript 撰寫範例程式碼，但對於不熟悉 TypeScript 的朋友也不用擔心，大部分的程式碼中你是不會看到 TypeScript 影子的，只有少部分程式碼會出現型別的定義，只要略過型別定義，專注在 JavaScript 語法上即可，不會影響對程式碼的理解。

▶ 1-2 練習 RxJS 前的環境準備

練習 RxJS 前，當然要先準備好一個可以開始使用 RxJS 的環境，接下來我們會以讀者完全沒接觸過 RxJS 為假設，介紹幾種起始的環境準備方式。當然對於已經有撰寫 RxJS 經驗的朋友來説，可以依照自己原來的使用習慣，把本節當作參考就好，不一定要跟用一樣的環境才能練習喔。

方法 1：從 CDN 載入或下載 library 後載入

這種方法是最傳統的網頁設計方式，也就是直接將 RxJS 的相關 JavaScript 檔案（*.js）全部載入到網頁中，再直接開始撰寫，雖然以現代化的網頁設計概念來説比較不會這麼建議這樣使用，但依然不失為一種簡單好理解的方式。

首先，我們可以先從 CDN 載入，或直接下載類別庫檔案，在這裡我們使用 unpkg[8] 的 CDN 服務，並以本書撰寫當下最新的版本 RxJS 7.8.1 作為範例：

```
https://unpkg.com/rxjs@7.8.1/dist/bundles/rxjs.umd.min.js
```

接著只要在 HTML 中載入 RxJS 套件後，即可在程式碼中使用 rxjs 物件，以下範例程式會載入 RxJS 套件，並在滑鼠點擊時紀錄滑鼠座標：

```
1    <!DOCTYPE html>
2    <html lang="en">
3      <head>
4        <meta charset="UTF-8" />
5        <title>RxJS Practice</title>
6      </head>
7      <body>
```

8　unpkg 線上 CDN 服務：https://unpkg.com/

```
8       <script src=
           "https://unpkg.com/rxjs@7.8.1/dist/bundles/rxjs.umd.min.js"
        >
9       </script>
10      <script>
11        rxjs.fromEvent(document, 'click')
12        .pipe(
13          rxjs.operators.map(
14            event => ({ x: event.x, y: event.y }))
15          )
16        .subscribe(position => {
17            console.log(position)
18        });
19      </script>
20    </body>
21  </html>
```

第 8 行：從 CDN 載入 RxJS 套件，此時在網頁上便會產生一個 rxjs 物件。

第 10~17 行：透過 rxjs 物件內提供的各種方法，處理網頁上的事件及印出相關資訊。

關於 RxJS 程式碼的細節看不懂沒關係，在之後比較完整的介紹過 RxJS 後，可以再回來看看。

> ⏰ 小提示：
>
> RxJS 的程式本身也有實作模組化的設計，因此只要瀏覽器比較新，支援相關的語法，便可使用 const { fromEvent } = rxjs; 的方式獨立載入某個 RxJS API。
>
> ```
> <script>
>     const { fromEvent } = rxjs;
>     const { map } = rxjs.operators;
>
>     fromEvent(document, "click")
>       .pipe(map((event) => ({ x: event.x, y: event.y })))
>       .subscribe((position) => {
>         console.log(position);
>       });
> </script>
> ```

方法 2：使用 Vite 快速完成相關環境

直接使用 CDN 載入的方式雖然非常簡單，但也有不少缺點，像是一次要載入所有 RxJS 類別庫的程式，因此載入速度比較慢、每次使用都要加上 rxjs. 開頭也有點麻煩；純 JavaScript 也不太方便，如果可以用 TypeScript 寫起來會更輕鬆。

比較現代化的做法會使用 ES 6 的 import/export 模組化語法，只載入需要的部分，語法上會更精簡，之後再搭配 webpack 等工具，把不需要的程式碼都移除，加快載入速度，有使用 TypeScript 的話，也能自動幫我們轉換成 JavaScript。

若沒有很複雜的需求，推薦可以使用 Vite[9] 這個工具，Vite 是提供我們快速建立開發環境的工具，儘管來自 Vue.js 陣營，但卻不限於只能在 Vue.js 使用，因此逐漸廣受開發人員的喜愛！以下是使用 Vite 建立 RxJS 練習環境的步驟：

要使用 Vite，首先需要安裝 Node.js 與 npm 套件管理器，這對於大部分前端工程師來說應該是必備技能了，可以直接到 Node.js[10] 網站下載最新版本安裝即可。

接著我們可以打開命令提示字元，使用 npm 套件管理器來使用 Vite 建立一個 TypeScript 專案：

```
> npm create vite@latest my-rxjs-app -- --template vanilla-ts
> cd my-rxjs-app
> npm install
```

現在我們可以進入這個目錄繼續安裝 RxJS 了

```
> npm install --save rxjs
```

接下來我們就可以開始撰寫第一份 RxJS 程式，我們可以先把 src 目錄中除了 main.ts 外的所有檔案都移除，並在 main.ts 中寫入以下程式碼：

```
1    import { fromEvent, map } from 'rxjs';
2
3    fromEvent<MouseEvent>(document, 'click')
4      .pipe(map((event) => ({ x: event.x, y: event.y })))
5      .subscribe((position) => {
6        console.log(`x: ${position.x}, y: ${position.y}`);
7      });
```

---

9   Vite 網站：https://vitejs.dev/

10 Node.js 下載網址：https://nodejs.org/

可以看到程式碼結構都差不多，不一樣的是 fromEvent 和 map 不再需要直接從全域的 rxjs 物件取得，而是透過 ES6 的模組化語法直接在從套件中取出。

有了程式碼後，只需要在 HTML 中載入即可，我們可以直接於 HTML 中載入 *.ts 檔，Vite 建立的開發環境會自動幫我們轉譯成 JavaScript 載入，而這部分 Vite 也以經在 index.html 中自動處理好了，我們不用額外寫什麼程式。

最後，我們只需要執行以下指令啟動開發用的伺服器

```
> npm start
```

執行起來後，打開 http://localhost:5173 (5173 是 Vite 開發伺服器預設用的 port 號)，就可以看到結果啦。

方法 3：使用 StackBlitz 服務

StackBlitz[11] 是一款線上的程式碼編輯器，內建多種前端框架起始專案，可以快速的透過網頁進行程式開發並看到結果，省去許多設定的麻煩，雖然不適用於生產環境，但程式寫好後，也能快速將編輯的程式碼專案下載下來，非常的方便！

進入 StackBlitz 網站後，可以看到下方會列出目前內建可用的專案架構，我們可以直接點選 RxJS，建立一個 RxJS 專案（如圖 1-3）：

---

11 StackBlitz 線上程式碼編輯器服務：https://stackblitz.com/

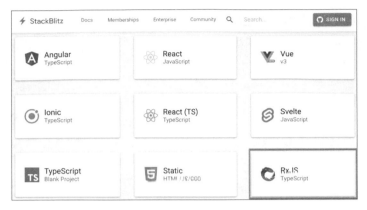

圖 1-3 資料來源：https://stackblitz.com/

⏰ 小提示：

也建議使用 GitHub 帳號來登入 StackBlitz，之後所有登入後建立的專案都
會與帳號連動，比較可以找得到之前練習的成果！

建立完成後，打開左邊檔案清單的 index.ts（預設是直接打開的），填入之
前就寫過的 TypeScript 程式碼，就可以直接到右邊預覽視窗看結果囉（如
圖 1-4）：

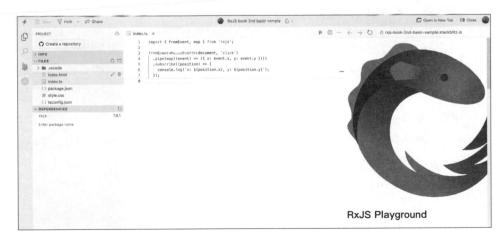

圖 1-4

使用 StackBlitz 服務最方便的地方是可以隨時將程式碼分享出去，而且可以在線上立刻看到結果，不用做任何特別的設定，之後的練習如果有比較複雜的程式，也會提供 StackBlitz 連結！

本段落範例程式碼：

https://stackblitz.com/edit/rxjs-book-2nd-basic-sample

圖 1-5

▶ 1-3 三步驟快速上手 RxJS

有了最基本的 RxJS 觀念後，接著讓我們來用一個簡單的例子，快速學習使用 RxJS 開發應用程式的基本流程。

在 ReactiveX 網站上，就可以看到使用任何 ReactiveX 相關套件的基本三個步驟（如圖 1-6），分別是：

- 建立（Create）：建立一個新的資料流或事件流，在 ReactiveX 中也稱為建立一個**可被觀察的物件**（之後我們會統稱為 **Observable 物件**）。
- 組合（Combine）：透過 ReactiveX 內定義或自行定義的操作符（之後我們會統稱為 **Operator**），用以操作來源 Observable 物件的資料流程。
- 監聽（Listen）：由於建立的是一個可被觀察的物件，因此需要一個觀察這個物件狀態改變的行為，在 ReactiveX 中也稱為訂閱（**Subscribe**）。

圖 1-6 資料來源：http://reactivex.io/

接下來就讓我們實際看看這三步驟的相關程式碼。

建立新 Observable 物件

要建立一個新的 Observable 物件，有兩種方式，第一種是自己從頭開始建立新的 Observable 物件，第二種則是將現有的資料來源或事件直接轉換成 Observable 物件。

RxJS 依循 JavaScript 定義的模組化管理，大多數建立 Observable 的 API 都在 rxjs 模組內，例如要使用 fromEvent 這個 API 將某個事件轉換成 Observable 物件，則可以透過以下語法來加入此 API 到程式內：

```
1    import { fromEvent } from 'rxjs';
```

❏ 從頭開始建立新的 Observable 物件

要從頭建立新的 Observable 物件，最簡單的方式是使用 Subject，這個 Subject 預設會有三個方法，分別是：

- next：用來觸發新的**事件資料**，呼叫 next 方法並傳入新的事件資訊後，在訂閱步驟就會收到有新事件發生了。
- error：當整個流程**發生錯誤**時，可以呼叫 error 方法並傳入錯誤資訊，用來告知錯誤內容，同時整個 Observable 物件資料流就算是結束了。

- complete：當整個**資料流結束**時，可以呼叫 complete 方法，用來告知所有訂閱我的人資料流已經結束了，由於是單純的通知結束了，complete 方法不用帶入任何參數。

> ⏰ **小提示：**
>
> Subject 中文可以翻譯為「目標」，從意義上也不難聯想成「目標是一個可以被觀察的物件」。

接著讓我們一步一步來透過程式建立一個資料流，在 RxJS 內，有一個 Subject 類別，用來幫助我們從頭開始建立新的 Observable 物件：

```
1    import { Subject } from 'rxjs';
2    // 建立新的Observable物件
3    const source = new Subject();
```

當有新的事件發生時，可以呼叫 next 方法，並將事件資訊通知出去（格式不限，不一定是字串，也可以是數值或物件等等）：

```
1    import { Subject } from 'rxjs';
2    // 建立新的Observable物件
3    const source = new Subject();
4    // 通知新的事件發生了，事件內容為 'Hello World'
5    source.next('Hello World');
```

如果在程式執行的過程中，發生了錯誤，可以呼叫 error 方法，並將錯誤訊息通知出去（格式不限，不一定是字串，也可以是數值或物件等等）：

```
1    source.error('Something Happened');
```

如果想要結束這個 Observable 的資料流不再發送新的事件，可以呼叫 complete 方法，讓整個資料流程結束：

```
1    source.complete();
```

未來在監聽步驟時，會訂閱我們建立好的 Observable 物件，並針對這個物件呼叫對應方法來處理；這樣的流程也是觀察者模式（Observer Pattern）的基礎。

除了基本的 Subject 建立資料流，在 ReactiveX 內也定義了其他幾種不同的建立方法，後續的內容會再仔細介紹。

❑ 將現有的資料來源或事件直接轉換成 Observable 物件

從頭自己建立當然是比較麻煩，所以 RxJS 還提供許多方式來將現有的資料或事件作為來源，包裝成新的 Observable 物件；以前面介紹處理網頁上 click 事件的範例來說，如果我們要自己使用 Subject 來建立新的 Observable 物件，並處理網頁上的 click 事件，大概會寫出這樣的程式碼：

```
1  import { Subject } from 'rxjs';
2  // 建立新的Subject
3  const source = new Subject();
4  // 監聽網頁的click事件
5  // 並把事件內容當作Subject的新事件
6  document.addEventListener('click', (event) => {
7    source.next(event),
8  });
```

在 RxJS 內則提供了 fromEvent，來協助我們直接處理這些細節：

```
1  import { fromEvent } from 'rxjs';
2  // 直接將網頁上的click事件轉換成Observable物件
3  const source = fromEvent(document, 'click');
```

看起來是不是簡單多啦！ReactiveX 內也定義了許多方式把現有的資料來源轉換成 Observable 物件，之後都會更加詳細的說明。

使用 Operators 操作來源 Observable 物件

前面我們使用的建立 Observable 物件方法，其實也是 Operators 的一種，但都被分類為「建立類型」的 Operators。當我們要針對來源 Observable 物件進行轉換時，則會使用建立類型以外的 Operators，而這些 Operators 也都在 rxjs 模組內，例如若要使用 map Operator，那麼就會在程式內加入：

```
1    import { map } from 'rxjs';
```

在「組合」這個步驟，我們就是要利用這些建立類型以外的 Operators，將來源 Observable 物件轉換成不同的 Observable 物件，以解決各種實際開發遇到的複雜邏輯。

在建立好的 Observable 物件中，都會有一個 pipe 方法，來協助我們將所有需要的 Operators 組合在一起，例如有個需求如下：

> 當按下 Ctrl 鍵，且在網頁上點擊滑鼠左鍵時，將滑鼠目前的座標記錄下來。

在上一步驟我們已經使用 fromEvent 處理過滑鼠點擊事件了，接著我們可以：

1. 使用 filter operator，判斷事件內容是否有按下 Ctrl 鍵的情境。
2. 使用 map operator，將事件內容的座標取出，轉換成座標物件。

程式碼如下：

```
1    // map 和 filter 是我們需要用到的 operators
2    import { fromEvent, map, filter } from 'rxjs';
3    const source =
4      // 監聽網頁的click事件
5      fromEvent<MouseEvent>(document, 'click')
6        // 使用pipe組合operators
```

```
7       .pipe(
8           // 過濾滑鼠事件，只留下按下ctrl按鍵的事件
9           filter((event) => event.ctrlKey),
10          // 將事件內容座標擷取出來，轉換成一個物件
11          map((event: MouseEvent) => ({x: event.x, y: event.y }))
12      );
```

這個 pipe 方法可以幫助我們把 Operators 給「接起來」，如同它的名字，就像「管線」一樣，每個 Operator 就是一種類型的水管，透過 pipe 把所有水管組成一條新的線路，再把資料傳遞進去，完成一條我們預期的資料流程。

關於 Operator，還有一些重要的觀念：

- 每個 Operator 的輸入就是來源 Observable 物件。
- 每個 Operator 的輸出都是另一個 Observable 物件。
- 上述兩點可以單純想像成：每個 Operator 的輸出就是下一個 Operator 的輸入。
- 透過組合完畢後我們最後會拿到一個全新的 Observable 物件。

目前完成程式如果單純以資料流向的方式來看，大致上感覺起來會如圖 1-7：

圖 1-7

使用 Operators 這個動作不是必要的，但它卻是 ReactiveX 之所以強大的主因之一，想想看，同樣的功能如果沒有這些 Operators，我們不知道要多寫多少 if/else 和 for 邏輯，才能達到一樣的功能。只要運用得當，絕對可

以幫助我們大幅減少不必要的程式碼撰寫，同時寫出更好理解，也更好維護的程式碼喔！

ReactiveX 根據不同類型制定出不同分類的 Operators [12] 來處理 Observable 物件，不同的語言又會有特定的分類方式和更多衍生的 Operators，以 RxJS 的分類 [13] 來說，大致包含以下幾類：

- 建立類 Creation Operators
- 組合建立類 Join Creation Operators
- 轉換類 Transformation Operators
- 過濾類 Filtering Observables
- 組合類 Join Operators
- 多播類 Multicasting Operators
- 錯誤處理類 Error Handling Operators
- 工具類 Utility Operators
- 條件 / 布林類 Conditional and Boolean Operators
- 數學 / 聚合類 Mathematical and Aggregate Operators

Operators 的數量超過 100 個以上，非常的豐富！之後我們會挑出一些比較實用的來介紹。

監聽 Observable 物件事件

有了一個 Observable 物件後，當然是要針對每次得到的內容進行處理啦，這也是最後一個步驟，我們會使用 Observable 物件的 subscribe 方法，來「訂閱」Observable 物件提供的資訊，並針對提供的資訊撰寫程式處理，這些程式我們稱為「觀察者」（**Observer**）。

---

12 ReactiveX 定義的 Operators 類型：http://reactivex.io/documentation/operators.html
13 RxJS 定義的 Operators 類型：https://rxjs-dev.firebaseapp.com/guide/operators

至於處理什麼呢？還記得在建立 Observable 時有三個重要方法：next、error 和 complete 嗎？這就是我們要處理的對象，觀察者實際上是一個包含三個 function 的物件，大致看起來如下：

```
1    const observer = {
2      next: (data) => console.log(data),
3      error: (err) => console.log(err),
4      complete: () => console.log('complete')
5    };
```

這邊使用的名稱對應到建立步驟三個方法的處理，接著我們只要把這個觀察者傳入 subscribe 方法就可以了：

```
1    source.subscribe(observer);
```

之後每次來源 Observable 物件有新的事件發生時，就會把事件資料傳入觀察者三個方法中的對應方法進行處理。

這是最完整的寫法，也就是針對 next、error 和 complete 各自撰寫處理方式，但許多時候我們只會針對 next 做處理。此時可以直接傳入一個回呼函數（callback function）當作 observer 就好，當 subscribe 方法發現傳進來的不是包含三個方法的物件，而是單一函式時，就只會當 next 處理。也就是說下面兩種寫法基本上完全一樣：

```
1    // 寫法1: 只處理next
2    source.subscribe({
3      next: (data) => console.log(data)
4    });
5
6    // 寫法2: 直接傳入一個方法當作參數
7    source.subscribe((data) => console.log(data));
```

之後如果沒有針對錯誤部分進行處理的話，為了方便起見，統一都會使用寫法 2。

當 subscribe 方法呼叫後，我們會拿到一個「訂閱物件」，又稱為 **subscription**，這個 subscription 物件控制著目前的訂閱的狀態，當我們不想繼續訂閱時，可以呼叫 unsubscribe 方法來「取消訂閱」，之後就算有新的事件（Observable 物件呼叫了 next 方法等）發生，事件資訊也不會再傳入原來訂閱的方法內了。

當然，如果在「取消訂閱」前就「發生錯誤（error）」或「完成（complete）」，也會主動處理「取消訂閱」，因此訂閱內的 function 也一樣不會收到事件資料。

Subscription 物件還有一個 closed 屬性，用來判斷是否已取消訂閱、發生錯誤或完成：

```
1    import { Subject, Subscription } from 'rxjs';
2
3    const source = new Subject();
4    const subscription: Subscription =
5      source.subscribe((data) => console.log(data));
6
7    // Observable物件發生事件1，因此印出資料1
8    source.next(1);
9    // Observable物件發生事件2，因此印出資料2
10   source.next(2);
11
12   // 取消訂閱
13   subscription.unsubscribe();
14   // 由於訂閱已取消，因此不會再顯示內容
15   source.next(3);
16
17   // 印出是否已經取消訂閱了
18   console.log(subscription.closed);
```

整個使用 RxJS 的基本流程大致上就是這樣，剛開始學習時可能會覺得有點抽象，不太理解程式運作的原理及應用，但在後續介紹相關的核心知識

後，就能夠更加理解整個理念了。接著我們就實際拿 RxJS 來寫一個簡單的範例，學學如何將 RxJS 應用到我們的專案中。

▶ 1-4 隨堂練習 – 計數器

接著讓我們來完成一個簡單的計數器程式，看看 RxJS 搭配網頁技術可以產生什麼感覺，預計完成的需求如下：

- 畫面必須顯示三個資訊：
  - 目前狀態：包含「開始計數」、「完成」和「錯誤」（包含錯誤訊息）。
  - 目前計數：當計數器建立後，顯示「計數」按鈕被點擊的次數。
  - 偶數計數：每當「目前計數」數值為偶數時，顯示這個偶數值。
- 畫面包含四個按鈕，功能如下：
  - 「開始新的計數器」按鈕：重新建立一個新的計數器，並在「目前狀態」資訊顯示「開始計數」。
  - 「計數」按鈕：當建立新的計數器後，每按下計數按鈕，顯示的計數值就加 1。
  - 「發生錯誤」按鈕：要求使用者輸入錯誤訊息，並將錯誤訊息顯示在「目前狀態」資訊內。
  - 「完成計數」按鈕：在「目前狀態」資訊顯示「完成」。
- 其他要求：
  - 當按下「開始新的計數器」時，所有計數器歸 0。
  - 當按下「發生錯誤」或「完成計數」時，除非按下「開始新的計數器」，否則其他按鈕按下都不會有任何動作。

接著就讓我們一步一步來完成相關功能吧！

建立 HTML 結構

我們可以先把預期的畫面 HTML 準備出來，包含顯示狀態的文字和改變狀態的按鈕：

```
1    <!-- 相關按鈕 -->
2    <div>
3      <button id="start">開始新的計數器</button>
4      <button id="count">計數</button>
5      <button id="error">發生錯誤</button>
6      <button id="complete">完成計數</button>
7    </div>
8
9    <!-- 顯示目前計數器狀態 -->
10   <div>目前狀態：<span id="status"></span></div>
11   <!-- 目前計數的值 -->
12   <div>目前計數：<span id="currentCounter"></span></div>
13   <!-- 偶數計數值 -->
14   <div>偶數計數：<span id="evenCounter"></span></div>
```

抓出相關的 DOM 物件

我們需要取得畫面上按鈕的滑鼠點擊事件，進行處理後還需要將資料顯示在畫面上，因此在 JavaScript 內先將畫面上的 DOM 元素都抓出來：

```
1    // 開始按鈕
2    const startButton = document.querySelector('#start')!;
3    // 計數按鈕
4    const countButton = document.querySelector('#count')!;
5    // 發生錯誤按鈕
6    const errorButton = document.querySelector('#error')!;
7    // 計數完成按鈕
8    const completeButton = document.querySelector('#complete')!;
9
10   // 計數器內容
```

```
11    const currentCounterLabel = document.querySelector('#currentCounter')!;
12    // 只顯示偶數的計數器內容
13    const evenCounterLabel = document.querySelector('#evenCounter')!;
14    // 目前狀態
15    const statusLabel = document.querySelector('#status')!;
```

> ⏰ 小提示：
>
> 程式中的「!」是 TypeScript 的 not-null assertion 語法，代表我「斷言這段
> 程式不會回傳 null」，如果使用 JavaScript 則不需要加。

實作「開始新的計數器」按鈕

由於需要記錄目前計數值，所以我們可以建立一個變數，來儲存目前計數
值且顯示在畫面上。而當計數值改變時，我們也希望能收到通知進而判斷
是否為偶數，並顯示在畫面上，因此建立一個 Subject 來通知數值改變：

```
1    // 計數器的值
2    let counter = 0;
3    // 自訂subject來通知計數器值改變
4    let counter$: Subject<number>;
```

在命名上，通常會在變數後面加上一個 $ 符號，代表它是一個 Observable
物件。

接著就可以將「開始新的計數器」按鈕事件包裝成一個 Observable 物件，
並透過訂閱得知事件發生，以及處理一些簡單的初始化動作，包含：

1. 重新建立 counter$ 實體。
2. 將 counter 變數歸零。
3. 顯示狀態。

```
1    // 「開始新的計數器」按鈕事件訂閱
2    fromEvent(startButton, 'click').subscribe(() => {
3      // 重新建立counter$ subject
4      counter$ = new Subject();
5      // 將目前計數器歸0
6      counter = 0;
7      // 更新狀態
8      statusLabel.innerHTML = '開始計數';
9    });
```

有了 counter$ 後，我們就可以透過「訂閱」這個 Observable 物件來得知計數值的變化，並進行後續動作，以目前的例子來說，就是顯示「目前計數值」及「偶數計數值」，最後我們還要讓 counter$ 這個 subject 送出新的「計數值事件」，讓畫面一開始就能顯示計數器內容為 0：

```
1    // 「開始新的計數器」按鈕事件訂閱
2    fromEvent(startButton, 'click').subscribe(() => {
3      // 重新建立counter$ subject
4      counter$ = new Subject();
5      // 將目前計數器歸0
6      counter = 0;
7      // 更新狀態
8      statusLabel.innerHTML = '開始計數';
9
10     // 訂閱counter$ 並顯示目前計數值
11     counter$.subscribe(data => {
12       currentCounterLabel.innerHTML = data.toString();
13       if (data % 2 == 0) {
14         evenCounterLabel.innerHTML = data.toString();
15       }
16     });
17
18     // 送出預設值
19     counter$.next(counter);
20   });
```

接著就可以執行看看程式跑起來的結果啦！當我們按下「開始新的計數器」按鈕後，可以看到目前狀態變成「開始計數」，且「目前計數」和「偶數計數」都重新歸 0（如圖 1-8）：

開始新的計數器	計數	發生錯誤	完成計數

目前狀態：開始計數
目前計數：0
偶數計數：0

圖 1-8

這邊要注意 counter$ 產生事件和訂閱的時機，如果先發生事件（呼叫 next），再進行訂閱（subscribe）的話，會因為事件已經先送出過了，而沒有訂閱到第一次事件發生，因此必須先產生訂閱，再執行新的事件發送，才會正確處理。

實作「計數」按鈕

基本顯示邏輯有了之後，接著我們來處理「計數」按鈕！這部分就簡單很多，只需要將「計數」按鈕事件包裝成 observable 物件並且訂閱，然後通知計數器產生變化即可：

```
1    // 「計數」按鈕事件訂閱
2    fromEvent(countButton, 'click').subscribe(() => {
3      counter$.next(++counter);
4    });
```

程式碼第 3 行將原來的 counter 值加 1 後，再讓 counter$ 這個 Observable 產生新的事件，事件值即為目前的 counter 值，此時前面撰寫訂閱 counter$ 的程式就會針對 next 方法進行處理。

偶數值判斷程式優化

每當計數值增加時，需要在畫面上顯示「目前計數值」，還有「偶數計數值」兩個部分，在前面的程式中，我們單純的使用 if 條件式來進行判斷，但也可以將兩種顯示方式視為**獨立的事件**運作，也就是：

- 「目前計數值」改變是一個事件。
- 「偶數計數值」改變也是一個事件。

兩個事件是各自獨立的，我們可以依照需要自行訂閱。

「目前計數值」就是 counter$ 這個 Observable 物件了，那麼如何把「偶數計數值」當作另一個事件呢？我們可以使用 `filter` 這個 Operator，將原來的 counter$ Observable 物件，轉換成一個只有偶數才會觸發事件的 Observable 物件：

```
1    // 建立一個偶數計數器
2    const evenCounter$ = counter$.pipe(
3      filter(data => data % 2 === 0)
4    );
```

接著就可以訂閱這個偶數計數器的 Observable 物件，來取得「偶數計數值」改變時的內容：

```
1    // 建立一個偶數計數器
2    const evenCounter$ = counter$.pipe(
3      filter(data => data % 2 === 0)
4    );
5
6    // 訂閱counter$ 並顯示目前計數值
7    counter$.subscribe(data => {
8      currentCounterLabel.innerHTML = data.toString();
9      // if (data % 2 == 0) {
10     //   evenCounterLabel.innerHTML = data.toString();
```

```
11      // }
12    });
13
14    // 將目前計數值和偶數計數值開訂閱
15    evenCounter$.subscribe(data => {
16      evenCounterLabel.innerHTML = data.toString();
17    });
```

分成兩個 Observable 物件各自訂閱處理，就不需要去管別人的計數器內容，只需要關注自己需要處理的範圍即可。且未來若還要有「質數計數器」、「10 的倍數計數器」、「每 3 秒統計一次計數器」等各種需求時，都只要將基礎的 Observable 物件搭配各種 Operators，來產生各自需要的 Observable 物件來訂閱就好，擴充能力也會比單一 Observable 物件訂閱後又加上一堆的條件判斷還要高出非常多！

> 🕐 **小提示：**
>
> 在實務開發時，我們也經常會把一個來源 Observable 物件依照不同的需要，搭配各種 Operators 轉換成想要的 Observable 物件再進行訂閱，養成這種習慣，通常可以比較容易設計出簡潔、好維護的程式碼！

實作「發生錯誤」及「完成計數」按鈕

最後剩下「發生錯誤」及「完成計數」按鈕就簡單多了！它們剛好對應到 counter$ 的 error() 和 complete() 兩個部分，因此我們只需要在按鈕內把這兩個呼叫加上去就好：

```
1    // 「錯誤」按鈕事件訂閱
2    fromEvent(errorButton, 'click').subscribe(() => {
3      const reason = prompt('請輸入錯誤訊息');
4      // 呼叫error方法並把錯誤資訊一起帶過去
5      counter$.error(reason || 'error');
6    });
```

```
7
8   // 「完成」按鈕事件訂閱
9   fromEvent(completeButton, 'click').subscribe(() => {
10    // 呼叫complete方法結束整個計數
11    counter$.complete();
12  });
```

接著再回到原來訂閱 counter$ 的地方，加上錯誤處理的判斷：

```
1   // 這是原來處理計數的方法
2   // counter$.subscribe(data => {
3   //   currentCounterLabel.innerHTML = data.toString();
4   // });
5
6   // 這是加上error和complete處理的方法
7   counter$.subscribe({
8     next: data => {
9       currentCounterLabel.innerHTML = data.toString()
10    },
11    error: message => {
12      statusLabel.innerHTML = `錯誤 -> ${message}`
13    },
14    complete: () => {
15      statusLabel.innerHTML = '完成'
16    }
17  });
```

練習成果

當按下「開始新的計數器」時，重設目前的計數狀態（如圖 1-9）：

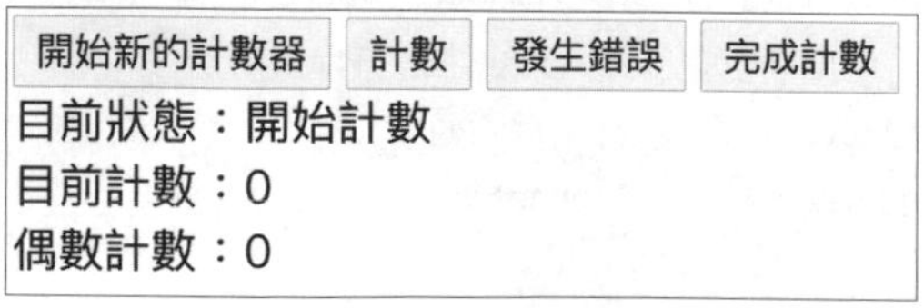

開始新的計數器	計數	發生錯誤	完成計數

目前狀態：開始計數
目前計數：0
偶數計數：0

圖 1-9

按下「計數」按鈕時，更新目前計數及偶數計數（如圖 1-10）：

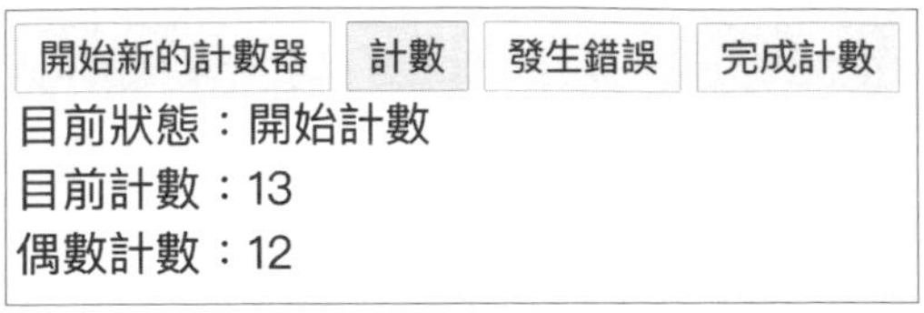

| 開始新的計數器 | 計數 | 發生錯誤 | 完成計數 |

目前狀態：開始計數
目前計數：13
偶數計數：12

圖 1-10

按下「發生錯誤」按鈕，提示輸入框，輸入完成後顯示在目前狀態上（如圖 1-11）：

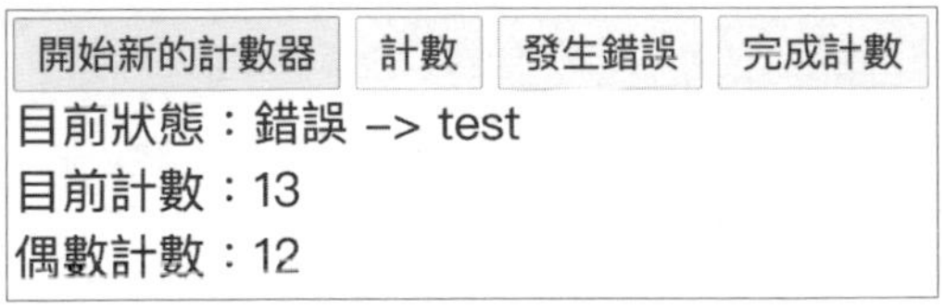

| 開始新的計數器 | 計數 | 發生錯誤 | 完成計數 |

目前狀態：錯誤 –> test
目前計數：13
偶數計數：12

圖 1-11

此時由於整個 counter$ 已經因為發生錯誤而結束，因此按下「計數」或「完成計數」都不會有任何改變。

按下「開始新的計數器」來重設計數狀態，在計數幾次後改成按下「完成計數」按鈕，可以看到完成訊息顯示在目前狀態上（如圖 1-12）：

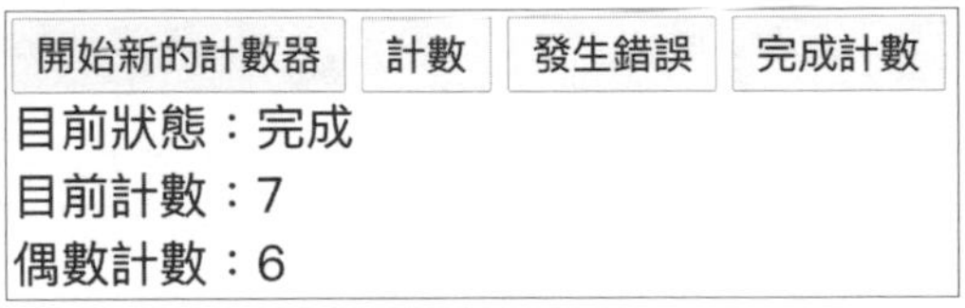

| 開始新的計數器 | 計數 | 發生錯誤 | 完成計數 |

目前狀態：完成
目前計數：7
偶數計數：6

圖 1-12

同樣的，因為 counter$ 已經結束了，因此按下「計數」或「發生錯誤」也不會有任何改變。

到目前為止，我們已經把基本的 RxJS 開發流程都走過一遍，下一章開始，我們將介紹一些 RxJS 的關鍵知識，這些關鍵知識若能理解，對於整個 RxJS 程式開發一定能更加得心應手，打通任督二脈喔！

本段落範例程式碼：

https://stackblitz.com/edit/rxjs-book-2nd-counter-practice

圖 1-13

RxJS 關鍵知識

▶ 2-1 關鍵知識說明

有了基礎的 RxJS 撰寫知識後，接下來讓我們來稍微深入了解一下 ReactiveX 背後的重要知識，很多時候不用這麼多知識也能用 RxJS 實作出理想的功能，但有了這些知識作為靠山，能讓我們更容易撰寫出好用、好讀、好維護、鞏固的程式碼！

▶ 2-2 非同步程式設計 – Asynchronous Programming

在 JavaScript 中有個 setTimeout 方法，可以在指定的時間（毫秒）後執行 callback function 裡面的程式碼邏輯，以下程式碼有兩個 console.log，分別印出 A 和 B，請問印出的順序為？

```
1   setTimeout(() => {
2     console.log('A');
3   }, 1000);
4   console.log('B');
```

1. 一秒後印出 A，然後再印出 B。
2. 先印出 B，一秒後再印出 A。

只要使用過 setTimeout 功能的人都一定知道，答案是「**2. 先印出 B，一秒後再印出 A**」！

明明程式碼的閱讀順序應該是先執行 console.log('A') 之後才會執行到 console.log('B')，為何執行順序卻不是這樣呢？其中的原理就是「非同步」！

那到底什麼是非同步呢？我們先來說明一下「同步」是什麼，先想一下以下程式碼印出順序為何？

```
1    console.log('A');
2    console.log('B');
```

相信你一定可以毫不猶豫地回答「先印出 A，再印出 B」，因為我們通常在閱讀程式碼時候是**按照程式碼的先後順序**閱讀的，自然而然會認為程式碼是按照先後順序執行的，也就是**先發生的程式碼先處理**，而這個按照先後發生順序執行的行為，我們就稱為「同步」行為。

而非同步的程式碼就不是這樣了，當使用非同步的 API 程式如 setTimeout 時，執行環境會將其中的程式丟到一個「暫存區」內部不去執行，直到符合我們想要的條件（以 setTimeout 為例是指定的時間過後），才去執行相關的程式。

為什麼要有「非同步」這種行為？全部照順序執行不是很好嗎？我們可以想像一下，如果 setTimeout(() => console.log('A', 1000) 一定會在畫面上等待一秒鐘，接著印出 A，才執行後續的程式碼，會有什麼樣的後果？

最簡單的理解就是在這一秒鐘，程式因為全心等待要去執行指定的程式碼而導致其他互動完全無法處理。一秒鐘聽起來還好，但如果換成是 AJAX 呼叫後端 API 的請求，偏偏伺服器處理又要等待比較長的時間，數十秒甚至數分鐘都有可能的時候呢？我們真的能接受畫面完全卡住那麼長的一段時間卻什麼都不做嗎（圖 2-1）？

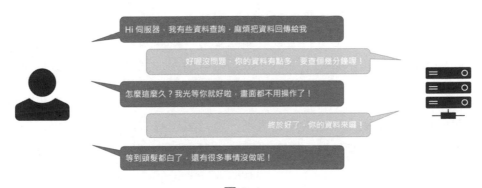

圖 2-1

相信大多數人的答案應該都是「不能」。這種情況下「非同步」的設計就變得非常重要，當程式並沒有任何其他的運算，只是單純的「等待」時，我們就把它丟到一個暫存區內，讓畫面可以繼續處理其他的行為，等到我們要的資料抵達時，再拿回處理的所有權，繼續後續的程式運算（圖 2-2）：

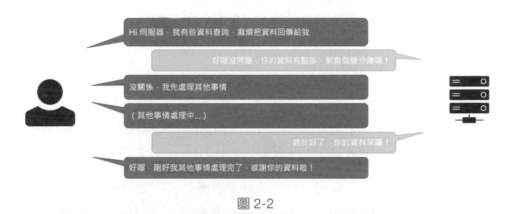

圖 2-2

當然這只是很粗淺的說明非同步程式存在的必要性跟流程，它背後的原理有很多東西可以說，但我們的目標是學習 RxJS，因此在這裡只需要知道基本的觀念就好。關於非同步處理的深入原理，網路上有非常多深度介紹的文章，有興趣的話可以自行上網搜尋一下。

透過**非同步的程式撰寫技巧**我們可以避免等待時間畫面卡住的浪費，也就是俗稱的「non-blocking I/O」（非阻塞式 I/O），然而明顯的缺點是，這樣的處理方式容易把程式邏輯變得更複雜，畢竟這跟多數人閱讀程式碼的習慣不同，但只要理解什麼時候應該是非同步處理，其實習慣後也不會造成太大困擾，JavaScript 也提供了 Promise 這個好用的非同步處理 API 來簡化一些複雜的問題。

一般的非同步都是「等待指定時機到，執行對應程式」後就結束了，若有一系列的先後順序等行為，開發起來就容易變得更複雜，這時候就需要用串流的角度去思考了。

▶ 2-3 串流處理 – Stream

相信你一定有在網路上看過線上影片的經驗，如果是高畫質影片，影片大小通常都要數百 MB 甚至數 GB 以上，如果每次都要把整個影片檔案下載完才能播放，那麼其體驗之差相信難以想像。

例如有一部 60 分鐘，容量 600 MB 的影片，在網路頻寬每分鐘可以下載 30 MB 的情況下，等於我們需要先空等 600 / 30 = 20 分鐘的時間，才能開始觀看影片；值得從頭到尾細細品味的影片就算了，如果我只打算從影片的任何一個時間點開始看呢？無論如何還是需要等待 20 分鐘（如圖 2-3）：

圖 2-3

如果我們將影片依照時間切成無數個小片段，每一小片段都是只需要數秒鐘就能載入完成的影片片段，當播放器快要播放到某個時間點時，再去下載這個時間點對應的片段呢？

一樣以 60 分鐘，600 MB 的影片為例子，如果將影片切成 20 個小片段，每個片段都是長度 3 分鐘的影片，那麼當我想要從第 45 分鐘開始觀看時，只要從第 15 個片段開始下載，並且等待 1 分鐘下載即可！而在觀看這個 3 分

鐘的片段時，也能在背景默默地下載下一個 3 分鐘的影片片段，完全可以無縫接軌到下一個 3 分鐘的影片片段，是不是瞬間感覺體驗好了很多（圖 2-4）：

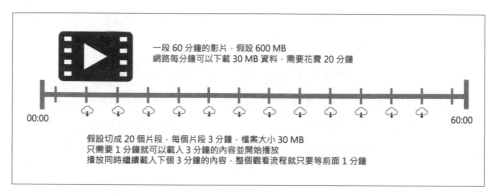

一段 60 分鐘的影片，假設 600 MB
網路每分鐘可以下載 30 MB 資料，需要花費 20 分鐘

00:00   60:00

假設切成 20 個片段，每個片段 3 分鐘，檔案大小 30 MB
只需要 1 分鐘就可以載入 3 分鐘的內容並開始播放
播放同時繼續載入下個 3 分鐘的內容，整個觀看流程就只要等前面 1 分鐘

圖 2-4

這就是「串流」背後做的事情，將資料分成小小的片段，再「串」起來分段「流」向同一地方，以上述的例子來說就是播放影片的邏輯。

以播放影片的例子來說，大概會寫出像這樣的程式碼：

```
1    // 建立一個 stream 物件
2    const videoPlayStream = {
3      // 用來存放每個時間片段的影片內容
4      videoObject: [],
5      downloadVideo: minute => {
6        // 如果影片片段已存在，直接回傳
7        if (videoPlayStream.videoObject[minute]) {
8          return Promise
9            .resolve(videoPlayStream.videoObject[minute]);
10       } else {
11         // 如果影片片段不存在，則下載
12         return fetch(`...?minute=${minute}`)
13           .then(video => {
14             videoPlayStream.videoObject[minute] = video;
```

```
15        return video;
16      });
17    }
18  },
19  // 跳到指定的時間
20  jumpTo: minute => {
21    // 如果影片片段已存在，直接播放
22    if (videoPlayStream.videoObject[minute]) {
23      videoPlayStream.play(minute);
24    } else {
25      // 如果影片片段不存在，先進行下載，然後再播放
26      videoPlayStream.downloadVideo(minute).then(video => {
27        videoPlayStream.play(minute);
28      });
29    }
30  },
31  // 播放指定時間影片片段
32  play: minute => {
33    // 實際播放影片的邏輯
34    // 同時預先下載下一個時間點的片段
35    videoPlayStream.downloadVideo(minute + 1);
36  }
37  };
38
39  // 從頭開始播放
40  videoPlayStream.jumpTo(0);
41
42  // 跳到第45 分鐘播放
43  videoPlayStream.jumpTo(45);
```

當然以上程式碼還有很大的優化空間，也有很多未處理的細節，實際上也絕對跑不動，但作為範例，大概就會像這樣的概念去處理串流。

▶ 2-4 ReactiveX 與非同步程式及串流

非同步程式的主要目標，是不要為了等待而造成後續程式無法進行的問題，但非同步還是一段執行完就結束的程式碼，因此比較無法處理隨著時間持續改變的資料。

這時候就要搭配串流的概念來設計，而比起非同步處理完就結束，串流相對比較難以掌控及預測，在開發上需要更多的技巧來輔助，以避免程式太過複雜、難以維護。

而 ReactiveX 的出現就是為了解決這個問題！在 ReactiveX 的觀念中，我們**會將所有發生的事情都視為持續改變的串流資料，而我們要做的事情，就是回應這些變化！**

以網頁為例子，滑鼠的點擊事件可以視為一連串事件的串流，除非網頁關閉，否則這個事件可能會持續發生（如圖 2-5）：

圖 2-5

當 HTTP 請求呼叫時（也就是 AJAX），也是一種串流，只是這種事件串流只發生一次就會結束（圖 2-6）：

收到請求資料，串流隨即結束

圖 2-6

甚至是處理一個陣列資料也好，我們也能將陣列內的每個值想像成是串流的一個小片段（圖 2-7）：

圖 2-7

同樣的，就算不是陣列內的資料，而是一個單純的變數，它也是一種串流，只是這種串流只有一次的事件發生而已（圖 2-8）：

圖 2-8

既然所有行為都可以視為串流，**如何整合這些串流**就變得非常重要，若沒有妥善的設計，很容易就會發生**串流內又包串流**這種巢狀地獄，任何有經驗的開發人員都應該想盡辦法避免這種狀況！而 ReactiveX 就是結合了多種程式設計的觀念和技巧，漂亮的解決了這些問題的一套思路！關於這些觀念和技巧，我們之後再來說明。現在我們只需要先有一個觀念，那就是**盡量以串流的方式思考就好**，未來我們會學習到各種組合串流的方式。

在了解何謂「非同步程式」及「串流」的處理及問題後，接著就來看看 ReactiveX 用來解決這些問題的核心觀念！

▶ 2-5 觀察者模式 – Observer Pattern

只要有學過物件導向程式設計的人應該也都會聽過設計模式（Design Pattern），妥善的運用設計模式可以讓我們在進行軟體開發時，能寫出更穩固、相對不容易壞掉，也相對容易擴充的程式碼。

而觀察者模式（Observer Pattern）就是設計模式中的其中一種常見方式，也是 ReactiveX 的重要核心，因此想要學好 ReactiveX 的觀念，觀察者模式是絕對需要理解的知識！

關於觀察者模式

以下文字摘取自維基百科對於觀察者模式的介紹[1]：

> **觀察者模式**是軟體設計模式的一種。在此種模式中，一個目標物件管理所有相依於它的觀察者物件，並且在它本身的狀態改變時主動發出通知。這通常透過呼叫各觀察者所提供的方法來實現。此種模式通常被用來實時事件處理系統。

這個模式最重要的概念是：「當我們要觀察一個資料的變化時，與其主動去關注它的狀態，不如**由觀察的目標主動告知我們資料的變化**，可以更加即時且可靠的得知資料變化。」

1　維基百科對於觀察者模式的介紹：https://zh.wikipedia.org/wiki/觀察者模式

觀察者模式解決的問題

我們在日常生活中有各種「觀察」的現象存在，例如看看某個 Youtuber 有沒有新的影片上線，走在路上要注意紅綠燈的狀態等等，許多都是「主動」觀察的行為，然而這樣的觀察並不一定這麼方便且即時。

以 Youtuber 上架新影片為例，如果我們想在第一時間就知道某個 Youtuber 上架了新影片，就必須不斷、定時的重新整理某個頁面，才能看到有沒有新的影片上架，想當然這種「被動」的方法並不是一個方便且即時的方式（如圖 2-9）：

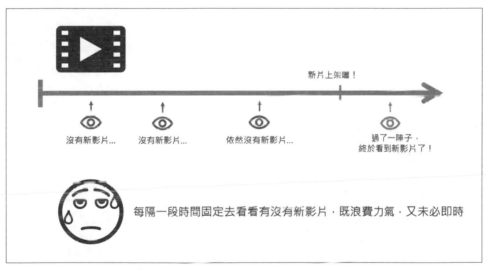

圖 2-9

而有在使用 Youtube 或類似影音平台的應該都知道有個「開啟小鈴鐺」功能，這個功能可以在新影片上架時「主動」的通知我們，隨著現在瀏覽器、APP 的「通知」功能越來越完善，要即時收到第一手資訊也變得越來越容易（如圖 2-10）：

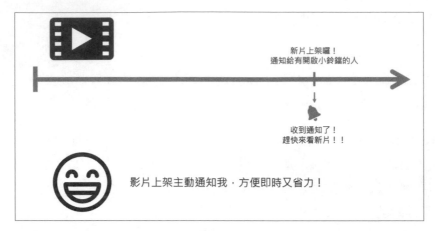

圖 2-10

這就是觀察者模式想要達到的目標，同樣是「觀察」，由被觀察的目標主動通知效率好多了！

觀察者模式的定義

觀察者模式一般的程式架構如圖 2-11：

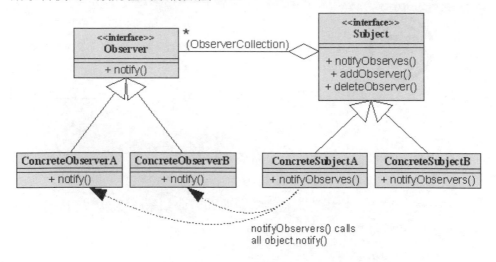

圖 2-11　https://zh.wikipedia.org/wiki/觀察者模式

基本上只有兩個角色，各角色有各自的方法需要實作：

- **觀察者（Observer）**
  - notify：當目標資料變更，會呼叫觀察者的 notify 方法，告知資料變更了。

- **目標（Subject）**
  - notifyObservers：用來通知所有目前的觀察者資料變更了，也就是呼叫所有觀察者物件的 notify 方法。
  - addObserver：將某個物件加入觀察者清單。
  - deleteObserver：將某個物件從觀察者清單中移除。

使用 JavaScript 實作觀察者模式及影片通知功能範例

接著我們就以「影片上架通知」功能作為範例，實際上用 JavaScript 做個簡單的示範程式。

❏ 步驟 1：實作觀察者（Observer）

假設現在有兩個人想要知道影片上架了，也就是這兩個人都是所謂的「觀察者」，每位觀察者都必須實作 notify 方法，用來接收新影片的通知：

```
1    // 觀察者 A
2    const observerA = {
3      notify: id => {
4        console.log(`我是觀察者 A，我收到影片 ${id} 上架通知了`);
5      }
6    };
7
8    // 觀察者 B
9    const observerB = {
10     notify: id => {
```

```
11        console.log(`我是觀察者 B，我收到影片 ${id} 上架通知了`);
12      }
13    };
```

❑ 步驟 2：實作被觀察的目標（Subject）

接著實作要觀察的「目標」，這個目標要負責管理所有的觀察者，並且在需要的時候通知它們：

```
1    const youtuberSubject = {
2      // 存放所有的觀察者，也就是開啟通知的使用者
3      observers: [],
4
5      // 通知所有觀察者新影片上架了
6      notifyObservers: id => {
7        // 列舉出每個觀察者，並進行通知動作
8        youtuberSubject.observers.forEach(observer => {
9          observer.notify(id);
10        });
11      },
12
13      // 加入新的觀察者，也就是有新使用者開啟通知了
14      addObserver: observer => {
15        youtuberSubject.observers.push(observer);
16      },
17
18      // 將某個觀察者移除，也就是某個使用者關閉通知了
19      deleteObserver: observer => {
20        youtuberSubject.observers = youtuberSubject
21          .observers
22          .filter(obs => obs !== observer);
23      }
24    };
```

❏ 步驟 3：實際使用程式

有了「觀察者」和「目標」後，我們就可以實際看看雙方互動的結果啦！

首先在沒有任何觀察者進行觀察的情況，上架一支新影片：

```
1    // 影片 1 上架，此時還沒有觀察者
2    youtuberSubject.notifyObservers(1);
3    // 輸出結果：
4    // (沒有任何輸出)
```

想當然，因為現在沒人開啟通知，因此也不會有人收到通知。

接著加入一個觀察者，然後上架新影片：

```
1    // 加入觀察者 A，也就是觀察者 A 開啟通知了
2    youtuberSubject.addObserver(observerA);
3    // 影片 2 上架，此時觀察者 A 會收到通知
4    youtuberSubject.notifyObservers(2);
5    // 輸出結果：
6    // 我是觀察者 A，我收到影片 2 上架通知了
```

有了一個觀察者後，當新影片上架，自然就會收到通知啦！

如果有兩個觀察者呢？

```
1    // 加入觀察者 B，也就是觀察者 B 開啟通知了
2    youtuberSubject.addObserver(observerB);
3    // 影片 3 上架，此時觀察者 A 跟 B 都會收到通知
4    youtuberSubject.notifyObservers(3);
5    // 輸出結果：
6    // 我是觀察者 A，我收到影片 3 上架通知了
7    // 我是觀察者 B，我收到影片 3 上架通知了
```

當然是兩個觀察者都會收到通知啦，而這兩個觀察者收到通知後，就可以依照自己的喜好來決定如何繼續處理這段影片，這也是一種「關注點分

離」的實現，同時收到新影片的觀察者 A 和 觀察者 B 想做的事情可能截然不同，如果硬要寫在一起，程式碼肯定也會越來越複雜，而拆開後，只要各做各的事情就好囉。

最後我們移除一個觀察者看看：

```
1    // 移除觀察者 B，也就是觀察者 B 關閉通知了
2    youtuberSubject.deleteObserver(observerB);
3    // 影片 4 上架，此時只剩下觀察者 A 會收到通知
4    youtuberSubject.notifyObservers(4);
5    // 輸出結果：
6    // 我是觀察者 A，我收到影片 4 上架通知了
```

可以看到，適當的使用觀察者模式對於未來程式的維護性會高很多，當影片上架需要做額外的事情時，只要增加一個觀察者，讓新的觀察者來做就好，若某件事情不需要做了，也只需要將做這件事情的觀察者移除，被觀察的目標完全不用修改任何程式碼！

本段落範例程式碼：

https://stackblitz.com/edit/rxjs-book-observer-pattern-video-notify

圖 2-12

ReactiveX 與觀察者模式

還記得之前我們提到 ReactiveX 的概念會將任何事情都視為持續改變的「**串流（Stream）**」嗎？在本篇的例子應該不難看出串流的影子，這個「通知功能」就是一條串流，將每次影片上架的消息「流」到每個觀察者中。

因此除了任何事情都是串流外，我們也會將每一條串流都視為「**可被觀察的（Observable）**」，所以在使用 ReactiveX 時，我們會常常聽到：

- 這個物件是一個 observable。
- 這裡是將資料轉換成另外一個 observable。
- 這裡要訂閱一個 observable。
- 這個 observable 在這裡結束了。
- 其他……

Observable 這個名詞會非常大量的被使用，而有了**觀察者模式**的概念後，未來在使用 ReactiveX 設計程式時，就不會搞不清楚這個名詞的用意即背後思維囉！

使用 RxJS 實作影片通知功能範例

看到這裡，再回顧一下之前「快速上手 RxJS」的內容，應該不難發現 RxJS 基礎的使用方式其實就是觀察者模式的延伸：

- 每個被觀察的目標就是 RxJS 的 Subject 物件。
- 觀察目標中的 addObserver 就是 RxJS 的 subscribe 方法，都是把「觀察者」加入清單內。
- deleteObserver 就是訂閱（subscribe）後拿到 Subscription 物件的 unsubscribe 方法。
- 觀察者實作的 notify 方法就是 RxJS 中提到 Observer 的 next() 方法（負責接收通知）。
- 觀察目標實作的 notifyObservers 就是每個 Subject 的 next() 方法（負責送出通知）。
- 除了 next() 通知處理之外，ReactiveX 還另外定義了 error() 和 complete()，方便我們另外處理錯誤和完成兩種類型的通知。

因此，接下來就讓我們沿用同樣的觀念，改成使用 RxJS 實作出一樣的影片通知功能範例吧！

❏ 步驟 1：建立被觀察的目標

如同之前的練習，我們已經知道有一個被觀察的目標，這個目標資料變動時會通知所有的觀察者，我們可以直接建立一個 Subject 物件，作為被觀察的目標：

```
1    // 建立 youtuber$ subject (被觀察的目標)
2    const youtuber$ = new Subject();
```

一樣維持著我們習慣的命名風格，所有「可被觀察的（Observable）」物件，都會用變數名稱後面加個 $ 符號的命名方式。

之後只要有影片上架，都可以透過 next() 方法將更新資料送出，通知所有的觀察者：

```
1    // 影片 1 上架，此時還沒有觀察者
2    youtuber$.next(1);
3    // 輸出結果：
4    // (沒有任何輸出)
```

當然，目前沒有任何觀察者加入，所以不會有任何結果。接著我們就來實際建立觀察者吧！

❏ 步驟 2：建立第一個觀察者

接著我們來實作觀察者，在 RxJS 內，每個觀察者都是一個實作 next()、error() 和 complete() 處理方法的物件，分別來處理「資料變更」、「發生錯誤」和「串流完成」的行為；當然，如果某個行為沒有要處理，該方法可以直接不宣告。以我們例子來說，只要處理「資料變更」就好：

```
1    // 建立觀察者 A 物件
2    const observerA = {
3      next: id => {
4        console.log(`我是觀察者 A，我收到影片 ${id} 上架通知了`);
```

```
5      },
6      error: () => {}, // 沒有要處理「錯誤」的話，不一定要加上這一行
7      complete: () => {} // 沒有要處理「完成」的話，不一定要加上這一行
8    };
```

❑ 步驟 3：執行訂閱（加入通知對象）

以觀察者模式來説，我們會説「把觀察者加入被通知的對象清單」；而在 RxJS 中，我更喜歡説成「**訂閱某個目標，把資料交給觀察者處理**」：

```
1    // 加入觀察者 A，也就是觀察者 A 開啟通知了
2    const observerASubscription = youtuber$.subscribe(observerA);
```

這個訂閱的動作，也會回傳一個 Subscription 訂閱物件，未來我們可以使用這個物件進行退訂動作。

❑ 步驟 4：送出新事件（通知所有觀察者）

以「影片上架通知」的例子來説，整個過程是一個「串流」，而每次影片上架都是一個新的「事件發生」，這個事件發生會即時通知所有的觀察者。所以在此時，我們呼叫 youtuber$ 這個 Subject 的 next() 方法時，由於產生訂閱並交由 observerA 處理了，此時 RxJS 就會呼叫 observerA 的 next() 方法並將事件資料帶入，由該方法來決定如何進行後續處理：

```
1    // 影片 2 上架，此時觀察者 A 會收到通知
2    youtuber$.next(2);
3    // 輸出結果：
4    // 我是觀察者 A，我收到影片 2 上架通知了
```

❑ 步驟 5：建立新的觀察者

接著我們再建立一個觀察者，但用更簡單的寫法；由於不處理 error() 和 complete()，我們不需要把完整的物件建立起來，只要準備好一個處理 next() 的方法放到訂閱參數裡面就好：

```
1    // 加入觀察者 B，也就是觀察者 B 開啟通知了
2    // 由於只處理 next，這裡就使用簡單的寫法，不另外建立物件
3    const observerBSubscription = youtuber$.subscribe(id => {
4      console.log(`我是觀察者 B，我收到影片 ${id} 上架通知了`);
5    });
```

由於現在有兩個觀察者了，所以當 youtuber$ 有新的事件發生時，兩個觀察者都會收到通知：

```
1    // 影片 3 上架，此時觀察者 A 跟 B 都會收到通知
2    youtuber$.next(3);
3    // 輸出結果：
4    // 我是觀察者 A，我收到影片 3 上架通知了
5    // 我是觀察者 B，我收到影片 3 上架通知了
```

❏ 步驟 6：取消訂閱

當呼叫 youtuber$ 的 subscribe() 方法後，回會傳一個訂閱物件，我們可以透過此物件來決定何時要取消訂閱：

```
1    // 移除觀察者 B，也就是觀察者 B 關閉通知了
2    // 在 ReactiveX 中也稱為「取消訂閱」
3    observerBSubscription.unsubscribe();
```

在這裡我們取消了觀察者 B 的訂閱，因此當 youtuber$ 有新事件發生時，觀察者 B 就不會再次收到通知：

```
1    // 影片 4 上架，此時只剩下觀察者 A 會收到通知
2    youtuber$.next(4);
3    // 輸出結果：
4    // 我是觀察者 A，我收到影片 4 上架通知了
```

是不是很簡單啊！ RxJS 幫我們把觀察者模式基本的邏輯都包裝好了，省去自己設計的麻煩，雖然自己設計一個觀察者模式並不困難，但別忘了在

ReactiveX 還有 operators 啊！未來當我們介紹到 operators 後，會更加感覺到整個 ReactiveX 為我們帶來的便利！

本段落範例程式碼：

https://stackblitz.com/edit/rxjs-book-rxjs-video-notify

圖 2-13

▶ 2-6 疊代器模式 – Iterator Pattern

接著讓我們來認識一下 ReactiveX 中另一個重要但不明顯的觀念 - **疊代器模式（Iterator Pattern）**，其實我們在寫程式時會經常遇到疊代器模式，但通常不會直接碰觸到它，因為程式語言針對疊代器模式提供了原生語法的支援，並將背後的細節隱藏了起來 (這也是它的目的)；大多數程式語言都提供疊代器模式整合到原生語法內，可見它有多麼重要！

關於疊代器模式

以下文字摘自維基百科對於疊代器模式的介紹 [2]：

> 在物件導向程式設計裡，**疊代器模式**是一種設計模式，是一種最簡單也最常見的設計模式。它可以讓使用者透過特定的介面巡訪容器中的每一個元素而不用了解底層的實作。此外，也可以實作特定目的版本的疊代器。

2　疊代器模式的介紹：https://zh.wikipedia.org/wiki/ 疊代器模式

關於 Iterator 的中文名稱，有不少版本，像是「疊代器」、「迭代器」或「反覆器」等等，基本上聽得懂就好，這邊採用的是維基百科的中文版本。

而疊代器模式的重點在於「**如何走訪（或稱遍歷）集合內的所有元素，並隱藏實作細節**」。

疊代器模式解決的問題

想想看我們平常要列出（走訪）一個陣列（集合）中所有的內容，大概會有這樣的程式碼：

```
1    const data = ['a', 'b', 'c'];
2    for(let i = 0; i < data.length; ++i) {
3      console.log(data[i]);
4    }
```

這邊的集合資料是個陣列，使用 for 迴圈處理再合理不過了。然而，如果今天我的資料集合不是陣列型態，而是一個樹狀結構呢？或儘管是陣列型態，但有特別的走訪規則如「先列出偶數索引值的資料再列出奇數索引值的資料」呢？這時候當然就需要自己針對使用的資料結構或走訪規則額外撰寫程式。

隨之而來的問題是，如果規則是共用的，難道每次都要重新寫一樣的規則嗎？能不能共享這些規則呢？這就是疊代器模式要處理的問題！

疊代器模式的角色定義

接著來看看維基百科上疊代器模式的 UML 圖形（如圖 2-14）：

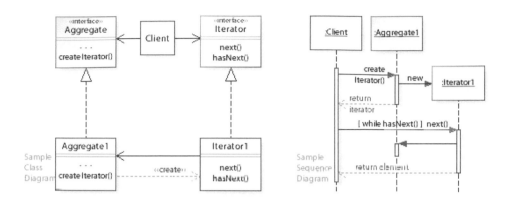

圖 2-14 資料來源：https://en.wikipedia.org/wiki/Iterator_pattern

疊代器模式包含兩個角色：

- 疊代器（Iterator）：用來存放集合的內容，除此之外更重要的是**提供走訪集合內容的底層實作**，並需要公開出兩個方法：
  - next()：用來取得目前集合的下一個元素，會在此決定如何取得下一個元素的規則。
  - hasNext()：用來判斷是否還有下一個元素需要走訪，當沒有下一個元素需要走訪時，代表已經完全走訪過全部的元素。
- 聚合器（Aggregate）：用來產生疊代器實體的角色。

實際上要走訪疊代器內的集合內容時，只需要搭配 next() 及 hasNext() 即可依照疊代器內的規則走訪所有的元素。

接著就讓我們實際用 JavaScript 從頭來設計一個疊代器看看。

使用 JavaScript 實作疊代器模式

假設我們的規則是：「針對陣列集合的走訪，依照元素索引值（index），先依序印出偶數索引值的內容，再印出奇數索引值的內容」，例如：

陣列內容為 ['a', 'b', 'c', 'd'] 時，先印出偶數索引值（0 以及 2）的內容分別為 a, c ，再印出奇數索引值 (1 以及 3) 的內容 b, d。

在實作疊代器時，其實就必須針對這樣的規則來編寫：

```
1    // 先顯示偶數索引再顯示奇數索引內容的疊代器
2    // 參數 value 代表實際的集合內容
3    const createEvenOddIterator = data => {
4      let nextIndex = 0;
5
6      // 實作走訪集合的規則
7      return {
8        hasNext: () => {
9          return nextIndex < data.length;
10       },
11       next: () => {
12         const currentIndex = nextIndex;
13         // 下一個索引值需要加 2
14         nextIndex += 2;
15         // 如果下一個索引值超過陣列長度，且索引值為偶數時
16         // 代表偶數索引走訪完畢，並跳到奇數索引的起點
17         if(nextIndex >= data.length && nextIndex % 2 === 0) {
18           nextIndex = 1;
19         }
20         // 回傳目前索引值內容
21         return data[currentIndex];
22       }
23     };
24   };
```

而對於實際走訪集合資料的程式，則根本不需要知道裡面的實作邏輯，只要確保疊代器有提供 hasNext() 和 next() 給我們使用就好：

```
1    // 建立疊代器
2    var data = ['a', 'b', 'c', 'd'];
```

```
3    const iterator = createEvenOddIterator(data);
4    console.log('原始資料', data);
5    console.log('開始走訪')
6    // 實際走訪所有元素內容，但不需要理解細節。
7    while (iterator.hasNext()) {
8      const value = iterator.next();
9      console.log(value);
10   }
11   // 印出結果:
12   // a
13   // c
14   // b
15   // d
16   console.log('結束走訪');
```

只要搭配 next() 和 hasNext() 兩個方法，就可以不需要知道背後走訪集合資料的實際邏輯，也能正確列出資料囉。

本段落範例程式碼：

https://stackblitz.com/edit/rxjs-book-custom-iterator-pattern

圖 2-15

JavaScript 原生語法內建的疊代器

一般在走訪陣列每一個元素時，除了 for 語法外，我們也可以透過 for...of 語法來走訪每個元素：

```
1    const data = ['a', 'b', 'c', 'd'];
2    for(let item of data) {
3      console.log(item);
4    }
```

for...of 語法實際上就是一種疊代器的應用，任何集合類型只要有依照一定的規則實作程式，都可以直接使用此語法，方便我們以更加簡易的方法去操作集合資料。

如果我們有自己的資料結構或走訪規則，也想要搭配 JavaScript 的 for...of 語法，該怎麼做呢？

有兩種方法，分別是 Iterator Protocols 以及 Generator。

❑ 使用 Iterator Protocols 實作疊代器

此時可以搭配 JavaScript 的**疊代器協議**（Iterator Protocols）[3] 來實作：

```
1    const createEvenOddIterator = data => {
2      let nextIndex = 0;
3
4      return {
5        // 根據 iteratable protocol 實作 [Symbol.iterator] 的方法
6        [Symbol.iterator]: () => {
7          return {
8            // 根據 iterator protocols 實作疊代器走訪規則
9            next: () => {
10             const currentIndex = nextIndex;
11             // 下一個索引值需要加 2
12             nextIndex += 2;
13             // 如果下一個索引值超過陣列長度，且索引值為偶數時
14             // 代表偶數索引走訪完畢，跳到奇數索引的起點
15             if (nextIndex >= data.length && nextIndex % 2 === 0) {
16               nextIndex = 1;
17             }
18
```

3   Iterator protocols 說明：
     https://developer.mozilla.org/en-US/docs/Web/JavaScript/Reference/Iteration_protocols

```
19          // 回傳走訪結果，結果為一物件，包含
20          // value: 走訪到的值
21          // done: 是否走訪完畢
22          if (currentIndex < data.length) {
23            return {
24              value: data[currentIndex],
25              done: false
26            };
27          } else {
28            return { done: true };
29          }
30        }
31      };
32    }
33  };
34  };
```

之後就可以呼叫 createEvenOddIterator() 來建立 個支援 for...of 語法的
疊代器啦：

```
1  const data = ['a', 'b', 'c', 'd'];
2
3  // 使用 for of 語法
4  for (let item of createEvenOddIterator(data)) {
5    console.log(item);
6  }
7
8  // 使用展開運算子
9  console.log([...createEvenOddIterator(data)]);
```

本段落範例程式碼：

https://stackblitz.com/edit/rxjs-book-symbol-iterator

圖 2-16

❏ 使用 Generator 實作疊代器

在 ES6 之後，出現了 Generator 的規格，我們可以透過實作一個 generator function 來產生疊代器，整個實作方法變得簡單許多：

```
1   const createEvenOddIterator = function*(data: any[])  {
2     let nextIndex = 0;
3
4     do {
5       const currentIndex = nextIndex;
6       // 下一個索引值需要加 2
7       nextIndex += 2;
8       // 如果下一個索引值超過陣列長度，且索引值為偶數時
9       // 代表偶數索引走訪完畢，跳到奇數索引的起點
10      if (nextIndex >= data.length && nextIndex % 2 === 0) {
11        nextIndex = 1;
12      }
13      yield data[currentIndex];
14    } while (nextIndex < data.length);
15  };
```

第 1 行的 function* 代表要宣告一個 generator function，在 function 裡面我們可以自行撰寫走訪規則，並使用 yield 來回傳每一個走訪值，這個 yield 就相當於一般疊代器模式的 next() 方法，而程式走到最後沒有東西可以 yield 後，就相當於呼叫 hasNext() 確認沒有下一個元素資料了。

透過 Generator 來實作疊代器，我們甚至可以不用去思考有兩個疊代器需要實作的方法，只要專注在怎麼走訪集合內資料即可，變得更加簡單啦！

⏰ 小提示：

IE 瀏覽器所有版本皆不支援 Generator 語法，也祝福您工作上都不會遇到 IE 瀏覽器。

本段落範例程式碼：

https://stackblitz.com/edit/rxjs-book-iterator-pattern-generator

圖 2-17

ReactiveX 與疊代器模式

串流思考本身就是疊代器的一種，我們可以把串流想像成就是一個大的集合，每一次事件發生的值就是集合內的一個值，而透過 operators，我們可以自由自在的操作整個串流的流向，在這種情況下我們要怎麼得到整個串流內的資料流向呢？（用疊代器的思考就是「如何走訪每次發生事件的時候？」）這就是疊代器重要的地方。而控制了整個串流走向的 operators，某種程度也是在改變走訪集合資料的方法，這也算得上是一種疊代器的應用！

在 ReactiveX 的實作中，我們也可以把疊代器模式的 next() 想像成觀察者的 next()，而疊代器模式中的 hasNext() 就像是觀察者的 complete()，差異只在處理的是集合資料還是串流而已。

也因此在 ReactiveX 的世界中，建立 Observable 物件，其實是結合了**觀察者模式及疊代器模式**後的成果！

▶ 2-7 函數程式設計 – Functional Programming

函數程式設計 (Functional Programming，簡稱 FP) 是 ReactiveX 應用中非常重要的一部分，在個人過去的經驗中，遇過不少覺得 RxJS 不好用，甚至寫出不好維護的程式，有很大的機會是因為沒有掌握到 FP 的一些觀念，當然

有些觀念在一般學習程式語言時也會被提出來，但使用 FP 時這些觀念會顯得更加重要。

在使用 RxJS 時，我們不用成為 FP 的專家，但瞭解一些 FP 的重要觀念，絕對可以幫助我們寫出更好閱讀、更好維護的程式碼！不管是否使用 RxJS 都是如此喔！

❑ 關於函數語言程式設計

維基百科對於函數語言程式設計的介紹[4]：

> 函式語言程式設計（英語：functional programming）或稱函式程式設計、泛函編程，是一種編程範式，它將電腦運算視為函式運算，並且避免使用**程式狀態**以及**易變物件**。其中，λ **演算**（lambda calculus）為該語言最重要的基礎。而且，λ 演算的函式可以接受函式當作輸入（引數）和輸出（傳出值）。
>
> 比起指令式編程，函數式編程更加**強調程式執行的結果而非執行的過程**，倡導利用若干簡單的執行單元讓計算結果**不斷漸進**，逐層推導複雜的運算，而不是設計一個複雜的執行過程。
>
> 在函式語言程式設計中，函式是**第一類物件**，意思是說一個函式，既可以**作為其它函式的參數**（輸入值），也可以**從函式中返回**（輸入值），被修改或者被分配給一個變數。

4　FP 的介紹：https://zh.wikipedia.org/wiki/函數式編程

對於剛開始踏入 FP 開發的初學者來說，上面的描述可能會包含許多沒聽過或不理解的部分，所以接下來會針對上述標示粗體的部分，逐步進行介紹，幫助你對於 FP 輪廓有個完整的基本概念。

> ⏰ 小提示：
>
> function 中文翻譯為「函式」或「函數」，在接下來的內容中，都會直接稱為 function 或是「函數」

❑ 狀態相依和物件改變

在開發程式時，完全避免**外部狀態相依**和**物件的改變**是一件非常困難的事情，舉一個不太好的程式碼，當我們要計算一個陣列中的偶數平方和時，可能會寫出這樣的程式碼：

```
1    const data = [1, 2, 3, 4, 5, 6, 7, 8, 9, 10];
2    let sum = 0;
3
4    // 計算陣列內偶數值的平方和
5    const sumEvenSquare = () => {
6      for (let i = 0; i < data.length; ++i) {
7        const value = data[i];
8        if (value % 2 === 0) {
9          sum += value * value;
10       }
11     }
12   };
13
14   sumEvenSquare();
15   console.log(sum); // 220
```

對於 sumEvenSquare 這個 function 來說，sum 和 data 變數都是它相依的外部「狀態」，這個狀態可能永遠都不會被改變，卻也可能在某個時間點忽然被改變了。

在 sumEvenSquare function 內的程式邏輯執行過程中它也改變了 sum 和 data 變數的狀態（也就是變數內容被變更了），這代表著外部的狀態也隨著程式的執行過程中被改變了！

雖然以程式碼邏輯來看一切似乎非常合理，但這樣的寫法其實是相對不穩定的；試想一下在計算過程中不斷改變 sum 變數資料的結果，如果今天 sumEvenSquare 被呼叫兩次，兩次是否都能正確算出 data 陣列的偶數平方和呢？

```
1    sumEvenSquare();
2    console.log(sum); // 220
3
4    sumEvenSquare();
5    console.log(sum); // 440
```

答案顯而易見的是「不會」，因為我們在運算第一次後改變了變數 sum 的資訊，卻沒有重設它的值，因此第二次運算的時候會從原來變數 sum 的內容（也就是上一次計算的結果 220）繼續加下去。

還有很多情況會導致這樣的程式寫法結果不穩定，而我們身為開發程式的人，應該要盡可能避免這種不穩定的程式碼發生！

至於要如何避免這種狀況發生呢？最好的方式就是把「外部狀態」變成 function 的內部狀態，讓狀態（也就是宣告的變數）的作用域只存在於 function 內部，且每次宣告時都是獨立的：

```
1    const sumEvenSquare = dataArray => {
2        // 把傳進來的陣列也使用展開運算子複製成一份新的陣列，避免被改變
3        const newDataArray = [...dataArray];
4        // 把計算總和變數從外部移動到內部
5        let sum = 0;
6
7        // 計算總和
```

```
8      for (let i = 0; i < newDataArray.length; ++i) {
9        const value = newDataArray[i];
10       if (value % 2 === 0) {
11         sum += value * value;
12       }
13     }
14
15     // 回傳總和結果
16     return sum;
17   }
18
19   const data = [1, 2, 3, 4, 5, 6, 7, 8, 9, 10];
20
21   const sum1 = sumEvenSquare(data);
22   console.log(sum1); // 220
23
24   const sum2 = sumEvenSquare(data);
25   console.log(sum2); // 220
```

如此一來程式就穩定多啦，無論何時呼叫 sumEvenSquare，肯定都能算出
傳入資料的正確結果，不會有外部狀態被改變而導致結果與預期不同的問
題，也不用擔心重複呼叫造成外部狀態資料無法掌握！

本段落範例程式碼：

https://stackblitz.com/edit/rxjs-book-pure-function-and-immutable

圖 2-18

❏ 副作用 - Side Effect

與外部狀態相依或改變外部狀態資料的行為，我們通常又稱為 **side effect**
（副作用）。

Side effect 的範圍非常廣泛，只要是與外部狀態有關的，都算是 side effect，例如：

- 全域變數（自己作用域以外的變數都算）。
- DOM 物件操作。
- console.log。
- HTTP 請求呼叫。
- 其他⋯⋯

> 第一次聽到副作用這個名詞時，還覺得很不能理解，是寫 code 寫到滑鼠手的那種副作用嗎？好一陣子後才明白，原來是外部狀態被改變啊！

而這種避免 side effect，把所有資料都變成參數或內部狀態的 function，又稱為「**pure function**（純函數）」。

❏ 不可變的操作 - Immutable

另外，我們使用 JavaScript 的展開運算子（Spread Syntax），也就是 [...data] 的方式複製新的陣列，可以避免原來的 data 陣列被改變。除此之外，我們也可以用一些不會改變陣列本身內容的程式操作來處理陣列內容，例如在陣列中新增一個元素，比起使用：

```
1    data.push(100);
```

變數 data 的內容會一直被改變，而使用：

```
1    const data2 = [...data, 100];
```

這種寫法可以讓我們不會改到變數 data 本身，而是將原來的變數 data 與一個新元素組合成一個全新的陣列，這種操作概念也稱為「**immutable**（不可變的）」。

撤開 FP 風格，在撰寫程式碼時，建議應該要盡量將 function 設計成 pure function，同時在操作資料時，也要盡量朝向 immutable 的方式去設計，以避免難以掌握狀態的情境發生！

Pure function 還有一個很重要的特性，**就是不管執行幾次，一樣的輸入就一定會有一樣的輸出**，不會因為任何原因在不同時間產生不同的輸出。由於 pure function 基本上不會相依於任何外部狀態，再加上 immutable 的操作特性，因此這可以說是必然的結果；如果無法達成這些條件，就不可稱它為 pure function，而會稱之為「**impure function（不純的函數）**」。

Pure function 和 immutable 是用來避免 side effect 很重要的方式，也有不少技巧和第三方套件如知名的 Immutable.js[5]，有興趣可以多加研究。

與 Side Effect 保持正確關係

在實務上，要完全避免 side effect 基本上是不可能的事情，以網頁開發來說，畫面上的每個元素對之前設計的 sumEvenSquare 都是外部狀態，但我們不可能不透過這些元素來進行互動，例如從某個輸入框得到畫面的資料，再把結果放到畫面上等等，這些都是 side effect，但是核心的處理資料邏輯，我們就應該以 pure function 來作為設計的中心。

實際上該怎麼做呢？方法很簡單：「**把 side effect 的操作整理成要傳入 pure function 的參數（input），再將執行結果（output）拿去做其他的 side effect 操作**」：

```
1    // 計算 "加 1" 的 pure function
2    const plusOne = value => value + 1;
3
4    document
```

---

5   Immutable.js 套件：https://github.com/immutable-js/immutable-js

```
5        .querySelector('#plusOneBtn')
6        .addEventListener('click', () => {
7          // 整理傳給 pure function 的 input，這裡是 side effect
8          const input = +document.querySelector('#val').value;
9
10         // 計算出 output，這是個穩定 pure function
11         const output = plusOne(input);
12
13         // 運算出結果再與畫面互動，這裡也是 side effect
14         document.querySelector('#result').innerHTML
15           = output.toString();
16    });
```

第 2 行：是一個 pure function 宣告。

第 8 行：跟 DOM 物件操作，是一個 side effect。

第 12 行：將資料傳入 pure function 處理，這裡的結果是穩定可靠的。

第 14 行：將結果與畫面互動。

這麼一來，重要的運算邏輯就不會直接與外部狀態相依，只要確定運算邏輯的 pure function 邏輯正確，當發生 bug 時也就能第一時間將它排除，往其他部分去追查，也更加容易找出問題囉！

本段落範例程式碼：

https://stackblitz.com/edit/rxjs-book-working-with-side-effect

圖 2-19

❏ 函數是一等公民

一個語言是否可以 FP 風格撰寫有一個很重要的關鍵，就是函數是否為程式語言的一等公民。所謂一等公民，代表著函數本身與一般變數、物件等地

位都相同，因此一個函數可以當作另一個函數的參數傳入，同樣的函數的回傳值也可以是另外一個函數！

在 JavaScript 中，函數本身是可以當作參數傳入，也可以當作函數內的回傳值，也就是說，JavaScript 語言本身是能夠寫出 FP 風格程式碼的！

以之前撰寫的 sumEvenSquare 為例，假設我們希望可以更有彈性，除了「偶數」「平方」和以外，還能給予更多不同的運算方式時（例如把「偶數」條件換成「奇數」或其他邏輯），我們可以把相關的程式處理邏輯拉出來，將處理每個陣列值的邏輯，變成一個可以從外傳入的函數當作參數去呼叫，在原方法內只針對呼叫結果執行加總運算，大概會長這樣：

```
1    // 把陣列中值的運算拉成 processFn
2    // 運算時呼叫它 (等於把實作細節拉出去)
3    const sum = (processFn, inputArray) => {
4      let result = 0;
5      for(let i = 0; i < inputArray.length; ++i) {
6        // 呼叫傳入的 processFn 來決定運算細節
7        result += processFn(inputArray[i]);
8      }
9      return result;
10   }
```

第 3 行：原來的方法只傳入陣列作為參數，現在也可傳入一個 processFn，這個 processFn 參數需要為一個函數。

第 7 行：將每個陣列中的值帶入 processFn 呼叫，並根據回傳結果進行加總。

現在我們對這個方法的理解不再是「計算陣列的偶數平方和」，而是變成「根據自訂的處理邏輯運算陣列中每個元素，之後進行加總」，也就是說我們把偶數平方和這個邏輯從原來方法中抽掉了。

此時如果要計算偶數平方和，就要再實作對資料「判斷是否為偶數，若是則回傳平方結果，若否則回傳 0」這樣的邏輯：

```
1    // 計算偶數的平方，奇數則回傳 0
2    const evenSquare = (item) => {
3      return item % 2 === 0 ? item * item : 0;
4    }
```

針對每個元素運算的邏輯也完成了之後，就可以直接呼叫剛才寫好的 sum 方法，來計算原來的偶數平方和結果，因為函數是一等公民，所以可以直接將 evenSquare 函數當作 sum 函數的 processFn 參數，完整程式為：

```
1    // 把陣列中值的運算拉成 processFn
2    // 運算時呼叫它 (等於把實作細節拉出去)
3    const sum = (processFn, inputArray) => {
4      let result = 0;
5      for(let i = 0; i < inputArray.length; ++i) {
6        // 呼叫傳入的 processFn 來決定運算細節
7        result += processFn(inputArray[i]);
8      }
9      return result;
10   }
11
12   // 計算偶數的平方，奇數則回傳 0
13   const evenSquare = (item) => {
14     return item % 2 === 0 ? item * item : 0;
15   };
16
17   const data = [1, 2, 3, 4, 5, 6, 7, 8, 9, 10];
18
19   // 將運算邏輯與資料都傳入 sum function 內
20   const result = sum(evenSquare, data);
21   console.log(result); // 220
```

如此一來我們的程式就能變得更加有彈性啦！如果未來處理邏輯改成計算「奇數平方和」，只要將元素處理方法換掉就好，加總邏輯就不用改變：

```
1   // 計算奇數的平方，偶數則回傳 0
2   const oddSquare = (item) => {
3     return item % 2 === 1 ? item * item : 0;
4   }
5
6   const result2 = sum(oddSquare, data);
7   console.log(result2); // 165
```

透過函數是一等公民這種特性，我們能輕易的把一些運算邏輯拆出來當作參數傳入，讓每段程式碼更加簡單，也更有擴充性！

本段落範例程式碼：

https://stackblitz.com/edit/rxjs-book-function-as-parameter

圖 2-20

現在我們再進一步，把「處理邏輯（processFn）」和「資料（inputArray）」兩個參數拆開，讓參數可以分別在不同時間點傳入：

```
1    // 把陣列中值的運算拉成 processFn
2    // 運算時呼叫它 (等於把實作細節拉出去)
3    // sum function 只傳入一個處理資料的邏輯
4    const sum = processFn => {
5      // 直接回傳一個 function，呼叫此 function 時須將資料傳入
6      return inputArray => {
7        let result = 0;
8        for(let i = 0; i < inputArray.length; ++i) {
9          // 讓傳入的 processFn 來決定運算細節
10         result += processFn(inputArray[i]);
11       }
```

```
12      return result;
13    }
14  }
```

第 4 行：原來要傳入 `processFn` 及 `inputArray` 兩個參數，現在設計成傳入 `processFn` 就好。

第 6 行：回傳一個新的函數，此函數需要帶入 `inputArray` 參數。

第 7~12 行：與原本的處理邏輯相同。

一樣的由於函數在 JavaScript 中是一等公民，因此除了當作函數的參數傳入外，也可以在函數內回傳另一個函數，以目前的例子來說，我們可以把 `evenSquare` 函數傳入 `sum` 函數，而得到一個新的函數：

```
1   // 計算偶數平方，奇數回傳 0
2   const evenSquare = (item) => {
3     return item % 2 === 0 ? item * item : 0;
4   };
5
6   const sumEvenSquare = sum(evenSquare);
```

此時的 `sumEvenSquare` 是我們組合了 `sum` 與 `evenSquare` 兩個函數的一個新函數，要計算結果只需要再把資料帶入這個函數即可：

```
1   const data = [1, 2, 3, 4, 5, 6, 7, 8, 9, 10];
2   const result = sumEvenSquare(data);
3   console.log(result);
```

看起來好像為了計算陣列的偶數平方和繞了一大圈，但實際上我們卻撰寫出了擴充能力更好的函數，把一些實作方法抽成外部函數來呼叫，方便我們隨時抽換不同的計算方式，而透過回傳另一個函數，也能讓我們根據不同邏輯產生出各種函數，非常的方便！

本段落範例程式碼：

https://stackblitz.com/edit/rxjs-book-higher-order-function

圖 2-21

⏰ 小提示：

這種將函數當作參數或回傳值的特色也稱為高階函數（Higher Order Function），就是函數的等級是比較高（一等公民）的意思。

對於習慣撰寫 JavaScript 的人來說可能覺得很稀鬆平常，但有些程式語言則不一定支援這種寫法，如 C#、Java 過去是無法直接將函數當參數傳入的，不過隨著 FP 越來越普及，這些程式語言也開始做出調整，讓函數也具有類似一等公民的角色。

另外也有些程式語言本身就是函數式程式語言，如 F#、Haskell 等，對於這類語言來說函數就是一切的基準！如果想更進階 FP 的撰寫能力，也可以去研究一下這些程式語言。

❏ Lambda

在數學裡面，lambda 本身就有函數的意義，舉個例子來說，在以前學數學課時，可能會看到這樣的數學表示法（如圖 2-22）：

$$f(x) = x^2$$
$$g(x, y) = x^2 + y^2$$

圖 2-22

f 和 g 就是數學上的一個函數，小括號裡面的 x 和 y 等是函數的參數，等於後面就是函數的運算邏輯。

我們可以很輕易地把這樣的邏輯撰寫成程式碼：

```
1    const f = (x) => x * x;
2    const g = (x, y) => x * x + y * y;
```

在宣告函數時，我們也經常會把函數名稱用它的「意圖」來表示（如圖 2-23）：

$$sumSquare(x, y) = x^2 + y^2$$

圖 2-23

但有些時候我們所強調的是運算過程，而非名稱本身時，就會使用一個 λ（念作 lambda）符號來表示（如圖 2-24）：

$$\lambda x.\ \lambda y.x^2 + y^2$$

圖 2-24

因此在數學中，當我們看到 λ 符號時，就知道這是一個函數定義；λ 在數學中佔有非常重要的角色，而在程式開發中，我們則可以很單純的把它當作是一個「匿名函數（Anonymous Function）」即可。

什麼是匿名函數呢，簡單來說就是一個不需要名稱的函數，在 JavaScript 中，一般宣告函數可以 function 宣告：

```
1    function evenSquare(num) {
2      return num % 2 === 0 ? num : 0;
3    }
```

或是本書都是以箭頭函數（Arrow Function）的方式宣告：

```
1    const evenSquare = (num) => {
2      return num % 2 === 0 ? num : 0;
3    }
```

當函數裡面是直接回傳結果時，可以把大括號和 return 都省略：

```
1    const evenSquare = num => num % 2 === 0 ? num : 0;
```

在上一節介紹函數是一等公民時，我們可以把一個函數當作參數傳入另一個函數之中：

```
1    const data = [1, 2, 3, 4, 5, 6, 7, 8, 9, 10];
2    const evenSquare = num => num % 2 === 0 ? num : 0;
3
4    const sumEvenSquare = sum(evenSquare);
5    const result = sumEvenSquare(data);
```

如果函數運算沒有共用需求，或是算式本身很簡單，簡單到不一定需要一個明確名稱時，我們可以不宣告函數名稱，而是單純的直接將函數本體當作參數傳入：

```
1    const data = [1, 2, 3, 4, 5, 6, 7, 8, 9, 10];
2    // const evenSquare - (num) => num % 2 === 0 ? num : 0;
3    // 直接將函數本體當參數傳入
4    const sumEvenSquare = sum(num => num % 2 === 0 ? num : 0);
5    const result = sumEvenSquare(data);
```

此時 sum 函數內的這個函數就是匿名函數，也就是我沒有給函數本身命名的意思！

看到這裡，你應該會發現我們早就在用匿名函數了！在 RxJS 處理訂閱時，我們會將函數直接當作一個回呼函數（callback function）放到 subscribe 方法內：

```
1    event$.subscribe(data => {
2      console.log(data);
3    });
```

如果程式語言本身不支援匿名函數的寫法，就必須將函數明確地宣告完整：

```
1    function eventCallback(data) {
2      console.log(data);
3    }
4    event$.subscribe(eventCallback);
```

透過匿名函數，我們可以很輕易的將簡單的運算邏輯本體直接當作參數傳入，而不用另外宣告，語法也會簡單很多！

❑ 命令式 (Imperative) v.s 宣告式 (Declarative)

在撰寫程式時，通常會有兩種思考風格：

- **命令式 Imperative**：強調的是執行過程，通常會暴露非常多細節，比較具象。
- **宣告式 Declarative**：強調的是執行結果，在思考過程中會隱藏細節，比較抽象。

具象的好處是，我們可以比較容易看到程式運作的過程和所有細節；而抽象的最大的好處正好相反，是**隱藏細節**。可以想想看當我們想要**快速理解一本書**中介紹些什麼東西，最快的方式是什麼？相信大多數人都會接受：比起直接從正文一頁一頁看起，先閱讀目錄是比較好的方法。透過目錄可以讓我們對於一本書整體想傳達的知識有個基本認知，甚至可以協助我們快速判斷需不需要繼續閱讀下去。

這種「目錄」的思考方式正是宣告式的精神，在撰寫程式時也可以運用一樣的概念，將執行步驟本身列出來當作目錄，並在閱讀時強調的是這些步驟，而不是步驟的細節：

```
1    const data = [1, 2, 3, 4, 5, 6, 7, 8, 9, 10];
2
3    // 以下步驟呼叫的 even、square、sum 在閱讀時不用計較實作細節
```

```
4
5      // 過濾偶數值
6      const evenData = even(data);
7      // 計算平方值
8      const evenSquareData = square(evenData);
9      // 加總計算
10     const sumResult = sum(evenSquareData);
11
12     console.log(sumResult);
13
14     // 懶得每次都訂一個變數名稱裝資料的話，也可以寫成
15     console.log(sum(square(even(data))));
```

如果我們專注在執行細節，以命令式的思維去撰寫程式，就會想到使用 for
或 if 等邏輯判斷：

```
1      const data = [1, 2, 3, 4, 5, 6, 7, 8, 9, 10];
2
3      let sum = 0;
4      for (let i = 0; i < data.length; ++i) {
5        const value = data[i];
6        if (value % 2 === 0) {
7          sum += value * value;
8        }
9      }
10
11     console.log(sum);
```

乍看之下宣告式的程式碼比較多，但是在閱讀上可以很明顯地感覺到閱讀
上變得比較好懂，因為我們在意的是整體的過程，而非每個步驟的細節；
我們不用再去推敲 for 或 if 裡面的程式碼是做什麼事情，而是單純的從
函數名稱就能知道我們的意圖是什麼！這樣的思考方式也很容易變成圖像
（如圖 2-25）：

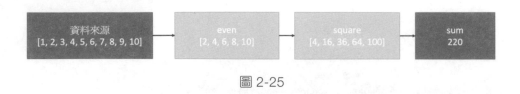

圖 2-25

可以看到每個函數都是一個簡單的運算單元，都有單一的輸入和輸出，最後資料就「漸進式」的變成了我們想要的結果。

當程式發生 bug 時，由於命令式的撰寫風格是以說明程式的流程為主，因此在除錯時也只需要針對每個函數（流程中的每個步驟）的**結果**去判斷問題是否在該函數裡面就好，當習慣這種寫法後，一定會覺得程式的撰寫跟閱讀都會非常過癮！

> ⏰ 小提示：
>
> 如果你有在撰寫單元測試（Unit Test）的話，使用這種命令式的撰寫風格，也會讓你的單元測試程式碼更容易撰寫，整體程式的可靠性也能大幅度的提升！

接下來我們深入一下宣告式程式碼中每個函數的細節，每個函數看起來都是需要對陣列做出一些操作或判斷，在最底層的地方我們依然避免不了使用 for 或 if 這些命令式的操作，不過 JavaScript 針對陣列操作提供了一系列的 API，把底層的操作封裝起來了，也就是我們都熟知的 map、filter 等方法，讓我們依然能非常宣告式地操作陣列：

```
1    const even = inputArray => {
2      return inputArray.filter(item => item % 2 === 0);
3    };
4
5    const square = inputArray => {
6      return inputArray.map(item => item * item);
7    };
```

```
8
9    const sum = inputArray => {
10     return inputArray
11       .reduce((previous, current) => previous + current, 0);
12   };
```

發現了嗎？ `filter`、`map` 這類的 API，也是以 FP 精神實作的！我們只要將自訂的函數當作參數傳入，走訪每個陣列元素的細節可以不用理會，更加專注在我們要的邏輯上。

把 `even`、`square` 和 `sum` 特地抽出來如果感覺很囉唆，其實我們也可以直接寫成：

```
1    const data = [1, 2, 3, 4, 5, 6, 7, 8, 9, 10];
2    const result = data
3      .filter(item => item % 2 === 0)
4      .map(item => item * item)
5      .reduce((previous, current) => previous + current, 0);
6    console.log(result);
```

這樣依然是很宣告式的寫法，第 3~5 行中的匿名函數雖然暴露了一些實作，但只要知道 `filter`、`map` 和 `reduce` 這些 API 使用的人，很容易就能明白其中的程式意圖是要過濾（`filter`）、轉換（`map`）和彙總（`reduce`），可以說是兼顧了可讀性，又不會囉嗦地抽出一堆邏輯出來！

而如果實作邏輯比較複雜，我們依然可以將匿名函數抽出來，成為能夠更加明確表達程式意圖的具名函數：

```
1    const byEven = item => item % 2 === 0;
2    const toSquare = item => item * item;
3    const sumTwoValues = (value1, value2) => value1 + value2;
```

最終程式主體只剩下：

```
1    const result = data
2      .filter(byEven)
3      .map(toSquare)
4      .reduce(sumTwoValues, 0);
5    console.log(result);
```

閱讀起來就像在讀一篇文章一樣，而不是在閱讀複雜的程式碼，變得非常好理解！

> ⏰ 小提示：
>
> 這種不在乎整個陣列，而是單純在乎陣列中「每個單一值」的操作的思考風格，也稱為 **Reactive Programming**（回應式程式設計），而 ReaceiveX 則是針對這種風格的一種擴充，讓我們能維持這樣的程式風格，但除了陣列外，還能應付更多的使用情境！

本段落範例程式碼：

https://stackblitz.com/edit/rxjs-book-declarative-demo

圖 2-26

函數程式設計常用技巧

有了函數程式設計的基本概念後，我們來介紹一些使用函數程式思維在開發時常用的基本技巧；函數程式設計本身有很多技巧，本書不是函數程式設計的專書，因此僅介紹一些常見的技巧，善用這些技巧可以讓程式碼的可讀性、可維護性都更高，習慣以後，對於這種流暢的思考方式，絕對會讓你覺得寫程式是一件很過癮的事情！

❏ 柯里函數 - Curry Function

在函數程式語言中，函數被視為一等公民，也就是函數可以當作另一個函數的參數，且函數內也可以直接回傳另一個函數。

透過這樣的概念，我們在撰寫函數時，可以把「參數設定」與「傳入資料」當作兩件事情進行隔離，來達到設定上更大的彈性。

舉個簡單的例子，如果要將兩個數字相加，程式碼為：

```
1    const add = (a, b) => a + b;
2    console.log(1, 10); // 11
```

這是非常簡單且命令式的思考方式，現在我們把思維調整一下，兩個數字相加實際代表的是「我有一筆資料，要將這筆資料加上一個數字」，例如，流水號通常取號規則是「目前最大的號碼加一」，目前最大的號碼代表的就是資料，而邏輯上是將這個號碼加一，但隨著規則不同，也有可能是加上其他數字。此時我們要傳入的資料是目前最大流水號，而加上多少數字就是一個可以設定的參數，因此我們重新調整目前的程式碼，讓它的名稱更有意義：

```
1    const add = (num, data) => data + num;
2
3    const maxNum = 10;
4    const serialNum = add(1, maxNum);
5
6    console.log(serialNum); // 11
```

num 代表要加上多少數字（設定參數），而 data 代表來源數字（資料），這時候我們可以把兩個傳入參數隔開：

```
1    // add 傳入設定參數 num
2    const add = (num) => {
3      // 回傳另一個函數，此函數可傳入資料 data
```

```
4      return (data) => num + data;
5    };
6
7    const maxNum = 10;
8    const serialNum = add(1)(maxNum);
9
10   console.log(serialNum); // 11
```

此時的 add 函數只要傳入設定參數就好（要加上多少），此函數則會回傳另一個函數，這個函數可以再傳入資料，才會進行相加的運算，因此 add(1) 其實是一個函數，它可以再將 maxNum 變數代進去，因此兩數相加的寫法就變成 add(1)(maxNum)，看起來有點像多此一舉，還出現了 add(1)(maxNum) 這種不太常見的寫法，但我們可以換個角度思考，add 函數是回傳另一個函數，這也讓 add 函數變成一個「產生函數的函數」，add(1) 實際上是我們流水號取號規則的函數，當代入不同參數時，便可以產生各種不同的規則：

```
1    // 取號規則 1
2    const nextIdRule1 = add(1);
3    // 取號規則 2
4    const nextIdRule2 = add(10);
5    // 流水號規則
6    const nextSerialNumber = add(1);
```

當我們透過 add 函數產生一個「取得下一筆流水號」的函數 nextSerialNumber 後，便可以把「實際資料」傳入，以取得想要的流水號：

```
1    const nextSerialNumber = add(1);
2
3    const maxNum = 10;
4    const serialNum = nextSerialNumber(maxNum);
5
6    console.log(serialNum); // 11
```

這種將函數內的每個參數設定，拆解成回傳下一個參數設定的函數行為，我們稱為「柯理化（currying）」。而最終產生的這種函數就稱為「柯理函數（curry function）」。

透過柯里函數，我們可以把一些參數設定先拆出來，但先不處理資料運算；而透過傳入不同的設定參數後，可以動態建立不同意圖的函數，來把函數功能拆分得更小，也讓程式的重用性更高。

另外柯理函數有一個非常大的好處，稱為**惰性求值（lazy evaluation）**，或稱為**延遲評估**。Lazy evaluation 的重點在於「**盡可能延後進行複雜運算的行為**」！以上面的例子來說，我們可以透過 add(n) 這種方法將需要運算的函數先行準備好（此時還沒真的進行運算），直到真的需要進行的時候，才將資料帶入運算。

我們繼續以「計算陣列資料的偶數平方和」作為例子，如果現在除了「平方」的邏輯外，還需要另外計算「立方」的邏輯，該怎麼做呢？

我們可以先把 N 次方這樣的邏輯拆出來處理，但不包含實際上要運算的資料：

```
1    // power 是一個柯理函數
2    // 把設定 (n) 和 資料 (data) 拆開來
3    const power = n => {
4      // 回傳一個函數，只有這個函數被呼叫時才會真正進行運算
5      return data => {
6        return data.map(value => Math.pow(value, n));
7      };
8    };
```

接著不論是產生「平方」或「立方」，或任何次方都可以依靠這個柯理函數來產生：

```
1    // 計算平方的函數
2    const square = power(2);
3    // 計算立方的函數
4    const cube = power(3);
5
6    square([1, 2, 3, 4, 5]); // [1, 4, 9, 16, 25]
7    cube([1, 2, 3, 4, 5]); // [1, 8, 27, 64, 125]
```

接著我們就可以進入實際計算的邏輯，這裡我們一樣沿用柯理函數的精神，先產生「處理偶數平方和」和「處理偶數立方和」兩個函數，再將資料傳入計算：

```
1    // 過濾偶數
2    const even = data =>
3      data.filter(item => item % 2 === 0);
4    // 資料加總
5    const sum = data =>
6      data.reduce((value1, value2) => value1 + value2, 0);
7
8    // 再建立一個柯理函數，讓處理 N 次方的邏輯可由外部當參數傳入
9    const sumEvenPower = (powerFn) => {
10
11     // 回傳的函數可帶入 data 計算最終結果
12     return data => {
13       const evenValues = even(data);
14       // powerFn 讓外部決定
15       const mapByFn = powerFn(evenValues);
16       const result = sum(mapByFn);
17
18       return result;
19     }
20   };
21
22   // 計算平方的函數
23   const square = power(2);
```

```
24    // 計算立方的函數
25    const cube = power(3);
26    // 計算偶數平方和的函數
27    const sumEvenSquare = sumEvenBy(square);
28    // 計算偶數立方和的函數
      const sumEvenCube = sumEvenBy(cube);
```

兩個函數都準備好後，就可以直接呼叫函數進行運算了：

```
1    // 函數都準備完畢，再開始計算
2    const data = [1, 2, 3, 4, 5, 6, 7, 8, 9, 10];
3    const result1 = sumEvenSquare(data);
4    const result2 = sumEvenCube(data);
5    console.log(result1); // 220
6    console.log(result2); // 1800
```

透過柯理函數的技巧，我們可以依照意圖不同，很輕易地產生無數個函數，在需要的時候才傳入資料運算。

本段落範例程式碼：

https://stackblitz.com/edit/rxjs-book-fp-curry-function

圖 2-27

❏ 組合函數 - Compose Function

上一節 sumEvenPower 中的邏輯運算中，每次呼叫函數時都需要宣告一個變數來接收函數回傳值，稍微麻煩了一點，如果比較懶惰的話可能就直接寫成一行：

```
1    // 原本的寫法
2    // const evenValues = even(data);
```

```
3    // const mapByFn = powerFn(evenValues);
4    // const result = sum(mapByFn);
5    // return result;
6
7    // 改成一行呼叫，不宣告變數去存放函數呼叫結果
8    return sum(powerFn(even(data)));
```

不過這樣一整行寫起來可讀性比較差一點，而且不管怎樣都還是要另外寫一個函數來把這些函數邏輯串在一起。如果有個函數可以幫助我們把要執行的函數全部都當作參數，再組合成另一個新的函數就好了，這時候我們就可以寫一個「組合函數（**compose function**）」：

```
1    // 組合函數
2    const compose = (...fns) => {
3      return data => {
4        let result = data;
5        // 從最後一個函數開始執行
6        for (let i = fns.length - 1; i >= 0; --i) {
7          result = fns[i](result);
8        }
9        return result;
10     };
11   };
```

第 1 行：宣告一個名為 compose 的函數，參數為所有要帶入的其他函數。

第 5~7 行：在參數帶入的函數清單中，從最後一個函數開始呼叫。

接著我們就可以用這個 compose 函數來將所有傳入的函數，組合成新的函數：

```
1    // 計算偶數平方和的函數
2    const sumEvenSquare = compose(
3      sum,
4      square,
```

```
5        even);
6     // 計算偶數立方和的函數
7     const sumEvenCube = compose(
8        sum,
9        cube,
10       even);
```

比 起 sum(powerFn(even(data))) 這 種 很 多 括 弧 包 起 來 的 寫 法，寫 成 compose(sum, powerFn, even) 會清楚很多！由於柯里函數有延遲評估特性，而我們設計的組合函數本身也是柯里函數，所以最終組合出來的函數一樣具有延遲評估的特性。

另外，這種過程中都不用傳入「資料」的做法（只有最後在真的帶入資料），也被稱為 **Point Free** 的操作，算是在函數程式設計中一種很常使用到的風格。

本段落範例程式碼：

https://stackblitz.com/cdit/rxjs-book-fp-compose

圖 2-28

❏ 管線函數 - Pipe Function

在組合函數的例子中，傳入的函數呼叫順序剛好跟傳入函數的順序相反，也就是後傳入的函數會先呼叫，在數學表示上這是很合理的，不過在程式閱讀上就未必是這麼一回事了，如同在撰寫程式時，通常越上面的程式碼越先呼叫一樣，如果我們也能做到先傳入的函數先呼叫，在閱讀理解程式碼時就會更加合理，因此我們可以把原來組合函數，先呼叫最後一個函數的順序反過來，這種順序的處理函數就稱為「管線函數（Pipe Function）」：

```
1    // 管線函數
2    const pipe = (...fns) => {
3      return data => {
4        let result = data;
5        // 從第一個函數開始執行
6        for (let i = 0; i < fns.length; ++i) {
7          result = fns[i](result);
8        }
9        return result;
10     };
11   };
```

接著就可以把傳入參數的順序調整一下：

```
1    // 計算偶數平方和的函數
2    const sumEvenSquare = pipe(
3      even,
4      square,
5      sum);
6    // 計算偶數立方和的函數
7    const sumEvenCube = pipe(
8      even,
9      cube,
10     sum);
```

這種從上而下的方法，也會比較符合我們一般對程式碼的撰寫和理解習慣。

本段落範例程式碼：

https://stackblitz.com/edit/rxjs-book-fp-pipe

圖 2-29

❏ 處理副作用的函數 - Tap Function

在撰寫程式時,我們已經知道應該要盡量避開副作用(side effect)的操作,但我們也清楚知道,程式不可能完全沒有副作用的操作,因此重點應該在:將純函數和副作用函數隔開,以維持純函數的穩定。而在函數程式設計中,我們可以寫一個 tap 函數,讓這個函數內的邏輯專門用來處理副作用:

```
1   const tap = (fn) => {
2     return (data) => {
3       // 呼叫傳入的 function
4       fn(data);
5       // 直接回傳資料
6       return data;
7     }
8   }
```

這個 tap 函數允許我們傳入一個 fn 函數,而在回傳的函數內,則是單純把資料帶入此函數後,就直接回傳資料了,透過這種方法,我們可以把有副作用的函數寫在 fn 函數傳入,但不會改動到原有的資料,也因此不會讓原來的計算過程出現問題,讓其他純函數一樣保持是純函數:

```
1    // 計算偶數平方和的函數
2    const sumEvenSquare = pipe(
3      tap(data => console.log(`原始資料:${data}`)),
4      even,
5      tap(data => console.log(`過濾偶數:${data}`)),
6      square,
7      tap(data => console.log(`平方:${data}`)),
8      sum,
9      tap(data => console.log(`加總:${data}`)),);
10
11   const data = [1, 2, 3, 4, 5, 6, 7, 8, 9, 10];
```

```
12    sumEvenSquare(data);
13    // 原始資料：1,2,3,4,5,6,7,8,9,10
14    // 過濾偶數：2,4,6,8,10
15    // 平方：4,16,36,64,100
16    // 加總：220
```

tap 函數一樣是個柯里函數，搭配 compose 或 pipe 在真正傳入資料開始運算之前，都不會呼叫 tap 內的匿名函數，也代表在真正運算前不會有發生副作用的狀況，這也是確保程式穩定很重要的一個技巧！

本段落範例程式碼：

https://stackblitz.com/edit/rxjs-book-fp-tap

圖 2-30

RxJS 中的函數程式設計應用

學會函數程式設計的一些技巧後，我們再來看一下 RxJS 中是如何應用這些技巧的！

❑ 柯里函數

以 map operator 為例，如果我們去看一下它的原始碼[6]，去掉 TypeScript 的部分以及詳細的實作，會看到類似如下的程式碼：

---

6   map operator 原始碼：https://github.com/ReactiveX/rxjs/blob/7.8.1/src/internal/operators/map.ts

```
1    export function map(project, thisArg) {
2      return operate((source, subscriber) => {
3        ...
4      });
5    }
```

可以看到 map 本身就是一個函數，而它的運作邏輯也是回傳另一個函數，也就是 map 這個 operator 正是一個柯里函數！其中的 project「參數」可以傳入另一個函數，來決定收到事件資料時該如何處理，而內部的 operate 函數則是訂閱後最終會被呼叫的方法，裡面包含了 map 內建的程式邏輯，而 source 參數是實際上帶入的「資料」。

所有的 operators 都是柯里函數，透過這些函數建立的函數，都需要以一個可被觀察的物件（Observable）為參數傳入；因此我們可以直接帶入參數到 map 來取得新的函數，並用來處理 Observable 物件：

```
1    import { Subject } from 'rxjs';
2    import { map } from 'rxjs/operators';
3
4    const source$ = new Subject();
5
6    // 產生新的 function，參數必須是一個 observable
7    const double = map(data => data * 2);
8    // 產生新的 function，參數必須是一個 observable
9    const plusOne = map(data => data + 1);
10
11   // 組合出一個新的 observable
12   const generateNextId$ = plusOne(double(source$));
13
14   generateNextId$.subscribe(data => console.log(data));
15
16   source$.next(1); // generateNextId$.subscribe 的結果是 3
17   source$.next(2); // generateNextId$.subscribe 的結果是 5
```

當然實務上我們不會用 plusOne(double(source$)) 這種寫法，因為在 RxJS 中也有提供管線函數供我們使用。

❑ 使用管線函數串起所有 Operators

在 RxJS 中，我們會以「可被觀察的物件」，也就是 Observable 物件為基礎，而每個 Observable 物件除了有 subscribe 方法來訂閱它以外，也有一個 pipe 方法，讓我們將所有的 operators 串在一起：

```
1    const source$ = new Subject();
2    // 透過 pipe 將 source$ 換成另一個新的 observable
3    const generateNextId$ = source$.pipe(
4      map(data => data * 2),
5      map(data => data + 1)
6    );
7
8    generateNextId$.subscribe(data => console.log(data));
9    source$.next(1); // generateNextId$.subscribe 的結果是 3
10   source$.next(2); // generateNextId$.subscribe 的結果是 5
```

如同函數程式設計中提到高階函數（Higher Order Function）一樣，把 function 當作一等公民看待，在使用 RxJS 時，我們也應該秉持 **Higher Order Observable** 的精神，將 Observable 物件也當作一等公民，傳入傳出都優先考量 Observable 物件，當慢慢習慣這樣思考後，寫起 RxJS 就會越來越順利囉。

❑ 使用 Tap 隔離副作用

最後我們來看副作用的隔離，不管是函數程式設計還是 ReactiveX，甚至是平常寫程式時，都建議隨時把**避免 side effect** 當作最高處理原則！而在 ReactiveX 中，也有定義 tap operator 來幫助我們處理隔離副作用：

```
1    const source$ = new Subject();
2    const generateNextId$ = source$.pipe(
3      map(data => data * 2),
4      // 使用 tap 來隔離 side effect
5      tap(data => console.log('目前資料', data)),
6      map(data => data + 1),
7      tap(data => console.log('目前資料', data))
8    );
9
10   generateNextId$.subscribe(data => console.log(data));
11   source$.next(1); // generateNextId$.subscribe 的結果是 3
12   source$.next(2); // generateNextId$.subscribe 的結果是 5
```

進入 RxJS 大門

▶ 3-1 認識彈珠圖

在 2-3 節介紹串流時，我們提過在 ReactiveX 的世界中，會將程式中發生的事件都視為是資料的串流，由於 ReactiveX 具有串流的觀念，加上 ReactiveX 中定義了大量的 operators，來幫助我們改變串流內的資料流向，因此如何表達資料的流向就非常重要！在 ReactiveX 中，我們會使用彈珠圖來表達資料流向，因此能夠繪製及閱讀彈珠圖就變成學習 ReactiveX 必備的技術！

繪製彈珠圖

接下來我們將介紹如何繪製一張彈珠圖來理解 ReactiveX 上各種操作發生的行為，建議你也可以拿出紙筆實際多畫幾次。

❑ 劃出一條資料流

首先，我們需要繪製一條橫線，代表**時間軸**，時間軸的左邊代表「過去」，右邊代表「未來」（如圖 3-1）：

過去　　　　　　　　　　　　　　　　　　　　　未來

圖 3-1

在時間軸上，會有各式各樣的「事件」發生（呼叫 next()），這些事件在圖上都會用一顆「彈珠」來表示，並於彈珠內寫上**事件的值**（如圖 3-2）：

代表每次事件發生

過去　　　　　　　　　　　　　　　　　　　　　未來

圖 3-2

如果這個資料流結束（呼叫 complete()）了，則會在結束的時候標記一個**垂直符號**（如圖 3-3）：

圖 3-3

如果這個資料流有發生錯誤（呼叫 error()），則標記一個**錯誤符號**（如圖 3-4）：

圖 3-4

❏ 加入 Operators

除了建立類型外的 operators（之後我們再來說明 operators 有哪些類型）都是將一個 Observable 物件（也就是資料串流的概念）換成另一個 Observable 物件，在彈珠圖上面，我們會在來源資料流下面，加上要使用的 operator 及使用方法，例如使用 map operator（如圖 3-5）：

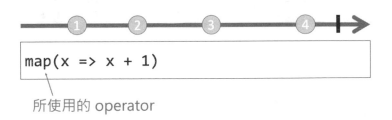

圖 3-5

我們用了 map 這個 operator，並將每個流入 operator 的資料「加一」，因此會產生一條新的串流，此時可以在彈珠圖上畫出一條新的時間軸，代表新的串流上的事件結果（如圖 3-6）：

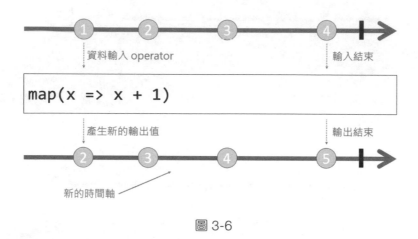

圖 3-6

如果有多個 operators 呢？就持續補上「使用的 operator」及「新的資料串流」就好（如圖 3-7）：

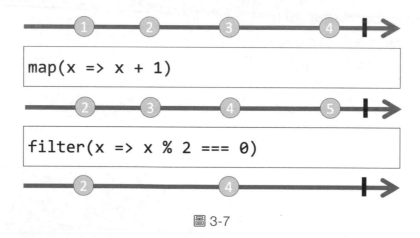

圖 3-7

如果過程相對好理解，其實也可以簡化每次產生新資料串流行為，直接畫出最終結果就好（如圖 3-8）：

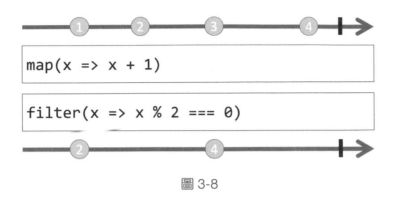

圖 3-8

透過彈珠圖，可以把複雜的程式碼簡化成好閱讀的資料流向圖形，在溝通和理解上也會變得更加簡單喔！

文字版彈珠圖

在白板上畫出彈珠圖是與人溝通 ReactiveX 資料流向的最佳管道，但有些時候，我們無法直接與人面對面畫出彈珠圖來溝通，尤其是遠端工作盛行的現在。又或是在撰寫文章 / 文件時，如果還要用電腦軟體畫出彈珠圖，反而會花費更多時間，所以還有一種版本的彈珠圖，是單純用電腦文字來表示的。文字版彈珠圖的組成要素如下：

使用 - 代表一個時間點，單位不拘，方便顯示就好，以下是一條時間軸：

```
-----------------------------
```

當有事件發生時，直接在該時間點上把 - 取代成發生的資料：

```
----1----2----3----4----5----
```

另外，如果有資料是在同一個時間點發生，則可以用小括號包起來：

```
----(12)----3----4----5----
```

這裡的 (12) 代表 1 和 2 兩個值是在同一個時間點發生的。

有時候為了對齊方便，會直接用空白來當作沒任何事情，也沒有任何時間概念（純粹對齊用）：

```
-----(12)--3-----4-------
----- a  --b-----c-------
      ^ 這邊 (12) 和 a 代表同樣時間點
```

在資料是同步程式的時候，不會加上單位時間的符號 -，也可以使用空白符號方便內容對齊，閱讀上也會更方便：

```
(1      2      3      4      |)
(a      b      c      d      |)
```

上面兩個資料流都是同步發生的，但為了讓畫面更清楚，使用空白符號讓資料不要擠在一起。

當資料流結束，加上 | 符號：

```
----1----2----3----4----5----|
```

如果事件發生完立刻結束呢？一樣用小括號把資料含結束符號包起來就好：

```
----1----2----3----4----(5|)
```

當發生錯誤時，加上 # 符號：

```
----1----2----3----4----#
```

有 operator 時，一樣在原來時間軸下方寫下 operator 的使用：

```
----1----2----3----4----|
map(x => x + 1)
```

然後畫出新的時間軸：

```
----1----2----3----4----|
map(x => x + 1)
----2----3----4----5----|
```

有多個 operators 時，一樣持續加入「使用的 operator」及「新的時間軸」：

```
----1----2----3----4----|
map(x => x + 1)
----2----3----4----5----|
filter(x => x % 2 === 0)
----2---------4---------|
```

或簡單的直接加上最後結果：

```
----1----2----3----4----|
map(x -> x + 1)
filter(x => x % 2 === 0)
----2---------4---------|
```

在使用文字版彈珠圖時，建議一律使用等寬字（如 Consolas 字體），在排版對齊上會方便許多，使用 markdown 語法撰寫文件時，可以在文字彈珠圖前後空白行加上 ``` 當作程式碼區塊處理，大部分顯示 markdown 的軟體都會自動套用等寬字喔！

了解如何繪製彈珠圖之後，我們來學習幾種基礎建立 Observable 物件的方法。

▶ 3-2 建立 Observable 的基礎

Observable 類別

Observable 類別是 RxJS 中，建立資料串流最基本的類別之一。我們可以透過 Observable 類別來建立一個「可被觀察的」物件，同時我們會在這個物件內的 callback function 先寫好整個資料流的流程，以便未來訂閱（subscribe）時，可以依照這資料流程進行處理。

❏ 建立 Observable

因為 Observable 是一個類別，所以最簡單的建立方式當然就是直接 new 它：

```
1    import { Observable } from 'rxjs';
2
3    const source$ = new Observable();
```

> ⏰ 小提示：
>
> 另外一種建立方式是 Observable.create()，不過這種方式在 RxJS 6 之後已被標示為棄用，且預計會在 RxJS 8 之後移除；在這裡提出來純粹是為了說明，以免未來接手別人舊程式時，因有被用到而看不懂。

❏ 建立資料流

使用 Observable 建立資料流時，可以傳入一個 callback function，裡面只有一個物件參數，我們稱為訂閱者（Subscriber），這個訂閱者就是處理資料流程的人，也就是負責呼叫 next()、complete() 和 error() 的物件。接著，我們就可以使用這個物件來設計好資料流的流程，例如發送 1、2、3、4，然後結束：

```
1    const source$ = new Observable(subscriber => {
2      console.log('stream 開始');
3      subscriber.next(1);
4      subscriber.next(2);
5      subscriber.next(3);
6      subscriber.next(4);
7      console.log('stream 結束');
8      subscriber.complete();
9    });
```

❑ 訂閱資料流

有了這個 Observable 資料流物件後，就可以呼叫它 subscribe 方法開始進行
訂閱：

```
1    source$.subscribe({
2      next: data => console.log(`Observable 第一次訂閱: ${data}`),
3      complete:() => console.log('第一次訂閱完成')
4    });
```

之後就可以看看 console.log 印出來的結果（如圖 3-9）：

```
stream 開始
Observable 第一次訂閱: 1
Observable 第一次訂閱: 2
Observable 第一次訂閱: 3
Observable 第一次訂閱: 4
stream 結束
```

圖 3-9

每次訂閱發生時，就會呼叫 new Observable() 內的 callback function，以上
面的例子來說，這樣的呼叫是**同步**的，也就是當發生兩次訂閱時，會依序
等前一次訂閱全部執行完畢，才會執行下一次訂閱，例如：

```
1    source$.subscribe({
2      next: data => console.log(`Observable 第一次訂閱: ${data}`),
3      complete:() => console.log('第一次訂閱完成')
4    });
5    source$.subscribe({
6      next: data => console.log(`Observable 第二次訂閱: ${data}`),
7      complete:() => console.log('第二次訂閱完成')
8    });
```

程式的執行順序會是第一次訂閱全部跑完，才跑第二次訂閱（如圖 3-10）：

```
stream 開始
Observable 第一次訂閱: 1
Observable 第一次訂閱: 2
Observable 第一次訂閱: 3
Observable 第一次訂閱: 4
stream 結束
第一次訂閱完成
stream 開始
Observable 第二次訂閱: 1
Observable 第二次訂閱: 2
Observable 第二次訂閱: 3
Observable 第二次訂閱: 4
stream 結束
第二次訂閱完成
```

圖 3-10

許多剛開始接觸 RxJS 的新手會聽說 RxJS 很適合用來處理非同步，因而認為所有 Observable 都是非同步執行的，實際上並不是這麼一回事，這邊的例子已經說明的很清楚了。

那麼，有沒有辦法讓它以非同步方式執行呢？答案非常簡單，只要在一個非同步方法內呼叫 next() 即可：

```
1 const source$ = new Observable(subscriber => {
2   console.log('stream 開始');
3   subscriber.next(1);
4   subscriber.next(2);
5   subscriber.next(3);
6   setTimeout(() => {
7     subscriber.next(4);
8     subscriber.complete();
9     console.log('stream 結束');
10  });
11 });
```

第 6~10 行：將原來同步的程式碼搬到非同步的程式 `setTimeout()` 內，此時 7~9 行的程式就是非同步的。

此時的程式執行結果為（如圖 3-11）：

```
stream 開始
Observable 第一次訂閱: 1
Observable 第一次訂閱: 2
Observable 第一次訂閱: 3
stream 開始
Observable 第二次訂閱: 1
Observable 第二次訂閱: 2
Observable 第二次訂閱: 3
Observable 第一次訂閱: 4
第一次訂閱完成
stream 結束
Observable 第二次訂閱: 4
第二次訂閱完成
stream 結束
```

圖 3-11

事件值 1、2、3 發出後，由於 4 和 `complete()` 呼叫放到了 `setTimeout()` 內，變成非同步執行，因此會在兩次訂閱都收到 1、2 和 3 後，才會收到 4

和完成。另外要小心的是，使用非同步處理時，complete() 基本上一定也會
是非同步處理，而且要想辦法在整個非同步處理程式中最後呼叫，以免提
早結束而收不到後續 next() 的資料：

```
1    const source$ = new Observable(subscriber => {
2      console.log('stream 開始');
3      subscriber.next(1);
4      subscriber.next(2);
5      subscriber.next(3);
6      // 由於 complete 是同步呼叫
7      // 因此在非同步的事件 4 發生前就已經串流結束
8      // 所以訂閱將收不到此事件值
9      setTimeout(() => {
10       subscriber.next(4);
11     });
12     subscriber.complete();
13     console.log('stream 結束');
14   });
```

Observable 非常適合在有**固定資料流程**的情境，先把流程建立好，之後每次
訂閱都會照這個流程走。

Observable 範例程式碼：

https://stackblitz.com/edit/rxjs-book-creation-observable

圖 3-12

Subject

Subject 系列繼承了 Observable 類別，並給予更多不同的特性，因此我們會
說 Subject 也是一種 Observable；而 Subject 與 Observable 有兩個明顯不同
的地方：

1. Observable 在建立物件同時，就決定好資料流向了；而 Subject 是在產生物件後才決定資料的流向。

2. Observable 的每個訂閱者都會得到獨立的資料流，又稱為單播（unicast）；而 Subject 則是每次事件發生時，就會同步傳遞給所有訂閱者，又稱為多播（multicast）。

由於 Subject 是在產生物件後才決定資料流向，因此，比較適合在程式互動過程中動態決定資料流向，也就是 Subject 建立好後，將這個 Subject 物件讓其它程式來透過呼叫該物件的 next() 等方法來決定資料流向。

另外，同樣是訂閱，Subject 的訂閱與觀察者 Observer 的關係是一對多，Observable 的訂閱與觀察者則是一對一關係。

關於這兩種的差別與關係，下一節會有更詳細的說明，我們先來看看 Subject 類別的幾種衍伸類別及使用方式。

❑ Subject 類別

直接來看程式碼：

```
1    const source$ = new Subject();
2
3    source$.subscribe(data =>
4      console.log(`Subject 第一次訂閱: ${data}`));
5
6    source$.next(1);
7    source$.next(2);
```

由於 Subject 是在產生後才決定資料流，因此需要先訂閱，才收得到資料流事件，上述程式執行結果為（如圖 3-13）：

```
Subject 第一次訂閱: 1
Subject 第一次訂閱: 2
```

圖 3-13

我們可以試著再加上更多事件及訂閱：

```
1    source$.subscribe(
2      data => console.log(`Subject 第二次訂閱: ${data}`));
3
4    source$.next(3);
5    source$.next(4);
6
7    source$.subscribe(
8      data => console.log(`Subject 第三次訂閱: ${data}`));
9
10   source$.complete();
```

執行結果（如圖 3-14）：

```
Subject 第一次訂閱: 1
Subject 第一次訂閱: 2
Subject 第一次訂閱: 3
Subject 第二次訂閱: 3
Subject 第一次訂閱: 4
Subject 第二次訂閱: 4
```

圖 3-14

可以看到每次訂閱後，都會在有新的事件時，才會收到此事件的資料。每次訂閱都是直接訂閱這條**執行中**的資料流，這就是跟 Observable 最大不同的地方。

Subject 範例程式碼：

https://stackblitz.com/edit/rxjs-book-creation-subject

圖 3-15

❏ BehaviorSubject 類別

Subject 類別產生的物件在訂閱時若沒有事件發生，會一直收不到資料，如果希望在一開始訂閱時會先收到一個預設值，且有事件發生後才訂閱的行為，也可以收到最近一次發生過的事件資料，則可以使用 BehaviorSubject。

範例程式：

```
1    const source$ = new BehaviorSubject(0);
2
3    source$.subscribe(
4      data => console.log(`BehaviorSubject 第一次訂閱: ${data}`));
5    // BehaviorSubject 第一次訂閱: 0
```

在 new BehaviorSubject() 時必須給予一個參數作為預設值，目前的例子我們給 0 當作預設值，因此建立後，在還沒任何訂閱時就可以收到一次預設值資料。

當持續有事件發生時，當然會繼續收到資料：

```
1    source$.next(1);
2    source$.next(2);
```

執行結果（如圖 3-16）：

```
BehaviorSubject 第一次訂閱: 0
BehaviorSubject 第一次訂閱: 1
BehaviorSubject 第一次訂閱: 2
```

圖 3-16

此時若有一個新的訂閱進來呢？

```
1    source$.subscribe(
2      data => console.log(`BehaviorSubject 第二次訂閱: ${data}`));
```

這時候會立刻收到「最近一次發生過的事件資料」（如圖 3-17）：

```
BehaviorSubject 第一次訂閱: 0
BehaviorSubject 第一次訂閱: 1
BehaviorSubject 第一次訂閱: 2
BehaviorSubject 第二次訂閱: 2
```

圖 3-17

除此之外，BehaviorSubject 所產生的物件，會有一個 value 屬性，可以用來得知前面所提到的「最近一次事件的資料」。

範例程式：

```
1    source$.next(3);
2    source$.next(4);
3
4    console.log(`目前 BehaviorSubject 的內容為: ${source$.value}`);
```

這時候的結果為（如圖 3-18）：

```
BehaviorSubject 第一次訂閱: 0
BehaviorSubject 第一次訂閱: 1
BehaviorSubject 第一次訂閱: 2
BehaviorSubject 第二次訂閱: 2
BehaviorSubject 第一次訂閱: 3
BehaviorSubject 第二次訂閱: 3
BehaviorSubject 第一次訂閱: 4
BehaviorSubject 第二次訂閱: 4
目前 BehaviorSubject 的內容為: 4
```

圖 3-18

對於需要保留「最近一次事件資料」的情境來說，BehaviorSubject 就很適合使用。

BehaviorSubject 範例程式碼:

https://stackblitz.com/edit/rxjs-book-creation-behaviorsubject

圖 3-19

☐ ReplaySubject 類別

Replay 有「重播」的意思,ReplaySubject 會幫我們保留最近 N 次的事件資料,並在訂閱時重播這些發生過的事件資料給訂閱者,跟 BehaviorSubject 類似,都有 cache 的概念,但能保留更多次事件資料。

範例程式:

```
1   // 設定「重播」最近 3 次資料給訂閱者
2   const source$ = new ReplaySubject(3);
3
4   source$.subscribe(
5     data => console.log(`ReplaySubject 第  次訂閱: ${data}`));
6
7   source$.next(1);
8   source$.next(2);
9
10  source$.subscribe(
11    data => console.log(`ReplaySubject 第二次訂閱: ${data}`));
```

執行結果(如圖 3-20):

```
ReplaySubject 第一次訂閱: 1
ReplaySubject 第一次訂閱: 2
ReplaySubject 第二次訂閱: 1
ReplaySubject 第二次訂閱: 2
```

圖 3-20

第二次訂閱後還沒有任何事件發生，此時單純是靠 ReplaySubject 把最近三次的資料重播，但目前只有兩次事件，所以只會收到兩次事件的資料；當事件繼續發生超過三次時，這時再訂閱就會收到完整的最近三次資料：

```
1    source$.next(3);
2    source$.next(4);
3
4    source$.subscribe(
5      data => console.log(`ReplaySubject 第三次訂閱: ${data}`));
```

執行結果（如圖 3-21）：

```
ReplaySubject 第一次訂閱: 1
ReplaySubject 第一次訂閱: 2
ReplaySubject 第二次訂閱: 1
ReplaySubject 第二次訂閱: 2
ReplaySubject 第一次訂閱: 3
ReplaySubject 第二次訂閱: 3
ReplaySubject 第一次訂閱: 4
ReplaySubject 第二次訂閱: 4
ReplaySubject 第三次訂閱: 2
ReplaySubject 第三次訂閱: 3
ReplaySubject 第三次訂閱: 4
```

圖 3-21

ReplaySubject 還可以傳入第二個參數 windowTime，用來控制資料保留的期限，單位為毫秒。

範例程式：

```
1    import { ReplaySubject } from 'rxjs';
2
3    const source$ = new ReplaySubject(3, 3000);
4
5    source$.subscribe(data =>
```

```
6       console.log(`ReplaySubject 範例 第一次訂閱: ${data}`));
7     // 1, 2, 3, 4
8
9     source$.next(1);
10    source$.next(2);
11
12    setTimeout(() => source$.next(3), 2000);
13
14    setTimeout(() => source$.next(4), 6000);
15
16    setTimeout(() => {
17      source$.subscribe(data =>
18        console.log(`ReplaySubject 範例 第二次訂閱: ${data}`));
19    }, 8000);
20
21    // ReplaySubject 範例 第一次訂閱: 1
22    // ReplaySubject 範例 第一次訂閱: 2
23    // ReplaySubject 範例 第一次訂閱: 3
24    // ReplaySubject 範例 第一次訂閱: 4
25    // (事件資料 3 超過設定的 3 秒鐘了，因此不會重播)
26    // ReplaySubject 範例 第二次訂閱: 4
```

ReplaySubject 範例程式碼：

https://stackblitz.com/edit/rxjs-book-creation-replaysubject

圖 3-22

❏ AsyncSubject 類別

AsyncSubject 比較特殊一點，當 AsyncSubject 物件被建立後，過程中發生任
何事件都不會收到資料，直到 complete() 被呼叫後，才會收到「最後一次
事件資料」，例如程式碼：

```
1    const source$ = new AsyncSubject();
2
3    source$.subscribe(
4      data => console.log(`AsyncSubject 第一次訂閱: ${data}`));
5
6    source$.next(1);
7    source$.next(2);
8
9    source$.subscribe(
10     data => console.log(`AsyncSubject 第二次訂閱: ${data}`));
11
12   source$.next(3);
13   source$.next(4);
14
15   source$.subscribe(
16     data => console.log(`AsyncSubject 第三次訂閱: ${data}`));
17
18   source$.complete();
```

執行結果（如圖 3-23）：

```
AsyncSubject 第一次訂閱: 4
AsyncSubject 第二次訂閱: 4
AsyncSubject 第三次訂閱: 4
```

圖 3-23

如果用彈珠圖來理解的話，原來發送 next() 的過程可能是這樣：

```
----1----2----3----4----|
```

而實際訂閱時，收到的資料變成：

```
----------------------(4|)
```

如果希望訂閱的觀察者，只關注在結束前的最後資料就好，可以考慮使用 AsyncSubject。

AsyncSubject 範例程式碼：

https://stackblitz.com/edit/rxjs-book-creation-asyncsubject

圖 3-24

❏ 共用 API - asObservable

所有的 Subject 系列都有一個共用且常用的 API，稱為 asObservable。它的用途是將 Subject 當作 Observable 物件回傳，這樣有什麼好處呢？由於 Observable 物件只是用來「被觀察的」，因此它並沒有 next()、complete() 和 error() 這樣的 API，這可以讓得到這個 Observable 物件的程式，專注在資料流訂閱相關的處理就好，同時不被允許發送新的事件，將發送新事件等行為封裝起來！

我們來實際用程式碼簡單說明 asObservable 的使用情境：

```
1    class Student {
2      private _score$ = new Subject();
3
4      get score$() {
5        return this._score$.asObservable();
6      }
7
8      updateScore(score) {
9        // 大於 60 分才允許推送成績事件
10       if(score > 60){
11         this._score$.next(score);
12       }
```

```
13      }
14    }
15
16    const mike = new Student();
17
18    mike.score$.subscribe(score => {
19      console.log(`目前成績：${score}`);
20    });
21
22    mike.updateScore(70); // 目前成績: 70
23    mike.updateScore(50); // (沒有任何反應)
24    mike.updateScore(80); // 目前成績: 80
25    mike.score$.next(50); // (錯誤：next is not a function)
```

第 2 行：宣告一個私有的 _score$，因此外部無法直接對它呼叫 next()。

第 4~6 行：使用 asObservable()，只允許外部取得 _score$ 物件可被觀察的部分。

第 8~13 行：當外部要更新資料時，呼叫此方法，而不是直接使用 _score$.next()。

透過 asObservable 我們就可以把資料流傳出去，又能不讓外部直接呼叫 next() 來產生新事件，更加具有封裝性。

共用 asObservable 範例程式碼：

https://stackblitz.com/edit/rxjs-book-asobservable

圖 3-25

▶ 3-3 認識 Cold Observable 與 Hot Observable

在建立可被觀察的（Observable）物件時，依據事件資料傳遞的模式基本上可以分成兩種，分別是 Cold Observable 與 Hot Observable，兩種各有不同的使用情境，本節就讓我們認識一下這兩種 Observable 物件類型的不同。

Cold Observable

先回顧一下前一節介紹的 Observable 類別是如何建立一個物件的：

```
1    const source$ = new Observable(subscriber => {
2      console.log('stream 開始');
3      subscriber.next(1);
4      subscriber.next(2);
5      subscriber.next(3);
6      subscriber.next(4);
7      console.log('steam 結束');
8      subscriber.complete();
9    });
10
11   source$.subscribe(
12     data => console.log(`Observable 第一次訂閱: ${data}`));
13   // 1, 2, 3, 4
14   source$.subscribe(
15     data => console.log(`Observable 第二次訂閱: ${data}`));
16   // 1, 2, 3, 4
```

從執行結果來看，對於每個訂閱來說，都是產生一次**新的資料流**。我們可以把 Observable 類別內的程式，當作是一條水管管線設計圖，每次訂閱時，都是依照這條管線組裝出新的水管線路，然後裝水打開開關讓水流出，這樣的好處是每次訂閱都是新的資料流，所以不會互相影響（如圖 3-26）：

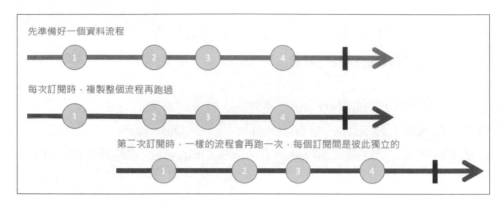

圖 3-26

每次訂閱都會重頭開始跑完整個流程的這種方式，就稱為「Cold Observable」。

如果以一般觀察者模式的行為來說，每次事件的發生都會「推送」給觀察者（Observer），也就是負責訂閱處理的人。而 Cold Observable 的物件在每次被訂閱後，都會重新產生資料流，並且會對應一個觀察者，下一次訂閱時會被當作是一次新的資料流程，將事件資料推送給該次訂閱的觀察者，因此 Cold Observable 與觀察者是「一對一」的關係。這種每次訂閱時產生的事件只會推送給唯一一位觀察者的方式，也稱為「unicast」（單播）。

> ⏰ **小提示：**
>
> Cold 是一種「冷啟動」的概念，也就是平常是冷的（未啟動狀態），只有當需要使用到時才會啟動，當沒有再被使用時，就會停用，回復成未啟動的「冷」的狀態。
>
> Cold Observable 的意思是，平常資料是沒有流動的，當訂閱發生時，才會開始有資料流動，而當取消訂閱時，就會回復到沒有資料流動的狀態；當下一次訂閱發生時，又重新啟動讓資料開始從頭流動。

Hot Observable

使用 Observable 類別所建立的物件都是 Cold Observable，而使用 Subject
系列類別所建立出來的物件則都是 Hot Observable，我們再來回顧一下
Subject 類別的使用方式：

```
1    const source$ = new Subject();
2
3    source$.subscribe(
4      data -> console.log(`Subject 第一次訂閱: ${data}`));
5    // 1, 2, 3, 4
6
7    source$.next(1);
8    source$.next(2);
9
10   source$.subscribe(
11     data => console.log(`Subject 第二次訂閱: ${data}`));
12   // 3, 4
13
14   source$.next(3);
15   source$.next(4);
16
17   source$.subscribe(
18     data => console.log(`Subject 第三次訂閱: ${data}`));
19   // (沒收到任何事件就結束了)
20
21   source$.complete();
```

從結果可以看到 Subject 類別所建立的物件，會被視為一條已經存在的資料
流，當有事件發生時，就會將事件資料發給「**目前有訂閱的觀察者們**」。

一樣當作水管管線來看的話，Subject 類別所產生的物件，就是一條隨時
可能有資料流過的線路，每次訂閱都只是等待這條水管線路傳送資料過來
而已，因此當有事件發生時，所有的觀察者都會即時收到這份資料（如圖
3-27）：

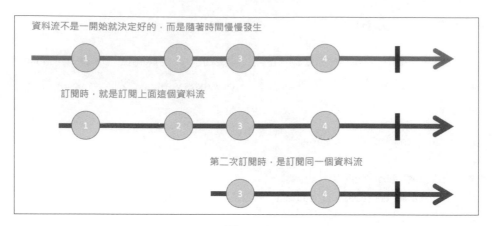

圖 3-27

這種當資料流已經開始，任何時間的訂閱都是等待最新資料的流程，就稱為「Hot Observable」。每次訂閱時不用從頭來過，只須關注最新事件即可。

由於這個 Hot Observable 物件在每次事件發生時，都會推送給所有的觀察者，因此 Hot Observable 物件與觀察者的關係是「一對多」的關係，又稱為「multicast」（多播）。

⏰ 小提示：

Hot 是一種「熱啟動」的概念，也就一直維持啟動的狀態，不論是否有被使用到。

Hot Observable 的意思是，資料流一直維持在「熱」的狀態，因此不論何時產生訂閱，都會從目前進行中的資料流開始收到事件資料，當取消訂閱時，也不會因此變成「冷」的狀態。

Warm Observable

既然 Cold Observable 的特性是每次訂閱時都會產生新的資料流，而且一定只會在訂閱後才發生，因此它的好處是可以預先準備好執行的流程，但在

需要的時候才訂閱它，讓它去執行預想的資料流程；舉例來說，我們可以
把 Web API 的呼叫包在 Cold Observable 內，不訂閱的時候，就不會去呼叫
API，直到訂閱發生，才進行呼叫：

```
1   const apiRequest$ = new Observable(subscriber => {
2     console.log('開始進行 API 呼叫');
3     // 使用 fetch 呼叫 API
4     fetch('https://jsonplaceholder.typicode.com/todos/1')
5       .then(response => response.text())
6       .then(responseText => {
7         // 取得回應的內容，並傳到 subscriber 內
8         subscriber.next(responseText);
9         // 結束資料流
10        subscriber.complete();
11      });
12  });
13
14  // 第一次訂閱時，才呼叫 API
15  apiRequest$.subscribe(result => {
16    console.log('第一次 API 呼叫結果');
17    console.log(result);
18  });
19
20  // 第二次訂閱時，會重新跑一次流程，因此會再次呼叫 API
21  apiRequest$.subscribe(result => {
22    console.log('第二次 API 呼叫結果')
23    console.log(result);
24  });
```

第 1~12 行：將一個 API 呼叫透過 Observable 類別包裝成 Cold Observable
物件 apiRequest$。

第 15~18 行：針對 apiRequest$ 這個 Cold Observable 物件進行訂閱，此時
才會真正執行 Cold Observable 內設計的資料流程，也就是此時才會真正進
行 API 呼叫。

第 21~24 行：與第 15~18 行一樣針對 apiRequest$ 這個 Cold Observable 物件進行訂閱，由於 Cold Observable 在每次訂閱都會重新跑一次資料流程，因此也會再次進行 API 呼叫。

執行結果（如圖 3-28）：

```
開始進行 API 呼叫
開始進行 API 呼叫
第一次 API 呼叫結果
{
  "userId": 1,
  "id": 1,
  "title": "delectus aut autem",
  "completed": false
}
第二次 API 呼叫結果
{
  "userId": 1,
  "id": 1,
  "title": "delectus aut autem",
  "completed": false
}
```

圖 3-28

本段落範例程式碼：

https://stackblitz.com/edit/rxjs-book-cold-observable-api-request

圖 3-29

使用 Cold Observable 將 API 呼叫行為包裝起來後，雖然可以避免在不需要時進行無謂的 API 呼叫，但也可以看到當多次訂閱時，都會重新再次的呼叫 API，造成無謂的浪費。

這時候我們可以透過一些「多播（multicast）」的 operators，來將原來的 Cold Observable 一對一關係轉換成 Hot Observable 多對多關係，例如 share operator，這種轉換後新的 Observable 物件稱為「Warm Observable」：

```
1   const apiRequest$ = new Observable(subscriber => {
2     console.log('開始進行 API 呼叫');
3     // 使用 fetch 呼叫 API
4     fetch('https://jsonplaceholder.typicode.com/todos/1')
5       .then(response => response.text())
6       .then(responseText => {
7         // 取得回應的內容，並傳到 subscriber 內
8         subscriber.next(responseText);
9         // 結束資料流
10        subscriber.complete();
11      });
12  });
13
14  const sharedApiRequest$ = apiRequest$.pipe(share());
15
16  // 第一次訂閱時，才呼叫 API
17  sharedApiRequest$.subscribe(result => {
18    console.log('第一次 API 呼叫結果');
19    console.log(result);
20  });
21
22  // 第二次訂閱時，會重新跑一次流程，因此會再次呼叫 API
23  sharedApiRequest$.subscribe(result => {
24    console.log('第二次 API 呼叫結果')
25    console.log(result);
26  });
```

第 1~12 行：建立一個 Cold Observable 物件。

第 14 行：使用 share operator 將 apiRequest$ 轉換成 Warm Observable。

第 17~20 行：訂閱 sharedApiRequest$ 這個 Warm Observable。

第 23~26 行：再次訂閱 sharedApiRequest$，此時不會重新跑原來的 apiRequest$ 流程，因為轉換後的 sharedApiRequest$ 是多播的，有新事件時會傳送給所有目前有訂閱的觀察者。

執行結果（如圖 3-30）：

```
開始進行 API 呼叫
第一次 API 呼叫結果
{
  "userId": 1,
  "id": 1,
  "title": "delectus aut autem",
  "completed": false
}
第二次 API 呼叫結果
{
  "userId": 1,
  "id": 1,
  "title": "delectus aut autem",
  "completed": false
}
```

圖 3-30

本段落範例程式碼：

https://stackblitz.com/edit/rxjs-book-warm-observable-api-request

圖 3-31

Warm Observable 與 Hot Observable 最大的區別是，一開始 Warm Observable 還是 Cold Observable 的特性，因此必須要有第一次的訂閱，才會去執行原來 Cold Observable 內的程式，不過之後就會有 Hot Observable 的特性，也就是事件會即時發送給所有訂閱這個 Warm Observable 的觀察者們。

關於多播類型的 operators，之後我們會再來好好介紹。

▶ 3-4 建立類型 Operators

EMPTY

EMPTY 就是一個空的 Observable，沒有任何事件，就直接結束了，直接看程式：

```
1    import { EMPTY } from 'rxjs';
2
3    EMPTY.subscribe(data => console.log(`empty 範例: ${data}`));
4    // (不會印出任何東西)
```

為什麼沒印出任何東西呢？如同前面提到的，因為沒有任何事件，就直接結束了，我們把 complete() 處理也加進去看看：

```
1    import { EMPTY } from 'rxjs';
2
3    EMPTY.subscribe({
4      next: data => console.log(`empty 範例: ${data}`),
5      complete: () => console.log('empty 結束')
6    });
7    // empty 結束
```

彈珠圖（如圖 3-32）：

```
|（是的，直接就結束了）
```

圖 3-32

在使用各種 operators 來轉換資料的流向時，有時候就是希望「什麼都別做」，此時就是使用 EMPTY 的時機了！稍後再來舉例說明。

EMPTY 相關範例程式碼：

https://stackblitz.com/edit/rxjs-book-operators-empty

圖 3-33

of

of 做的事情非常簡單，就是將傳進去的參數值變成一個 Observable 物件，
當參數值都發送完後結束，範例程式：

```
1    import { of } from 'rxjs';
2
3    of(1)
4      .subscribe(data => console.log(`of 範例 (1): ${data}`));
5    // of 範例 (1): 1
```

畫成彈珠圖也非常簡單（如圖 3-34）：

```
(1|)
```

圖 3-34

也就是立刻發出數值 1 的資料，然後立刻結束（complete()）。

of 也可以帶入多個值，當訂閱發生時這些值會各自送出（next()），然後結
束：

```
1    import { of } from 'rxjs';
2
3    of(1, 2, 3, 4)
4      .subscribe(data => console.log(`of 範例 (2): ${data}`));
5    // of 範例 (2): 1
6    // of 範例 (2): 2
```

```
7     // of 範例 (2): 3
8     // of 範例 (2): 4
```

彈珠圖（如圖 3-35）：

```
(1234|)
```

圖 3-35

of 相關範例程式碼：

https://stackblitz.com/edit/rxjs-book-operators-of

圖 3-36

from

from 算是使用機會很高的 operator，它可以接受的參數類型包含陣列、可疊代的物件（iterable）、Promise 物件和「其他 Observable 實作」等等，from 會根據傳遞進來的參數，決定要如何建立一個新的 Observable。

❑ 傳遞陣列當參數

直接看範例程式碼：

```
1     import { from, of } from 'rxjs';
2
3     from([1, 2, 3, 4]).subscribe(data => {
4       console.log(`from 示範 (1): ${data}`);
5     });
6     // from 示範 (1): 1
7     // from 示範 (1): 2
8     // from 示範 (1): 3
```

```
9     // from 示範 (1): 4
10
11    of([1, 2, 3, 4]).subscribe(data => {
12      console.log(`跟 of 比較：${data}`);
13    });
14    // 跟 of 比較：1,2,3,4
```

跟 of 非常的像，差別在於 from 會將陣列內的內容，一個一個傳遞給訂閱的
觀察者；而 of 則會直接將整個陣列當成資料，傳遞給訂閱的觀察者。

from([1, 2, 3, 4]) 的彈珠圖（如圖 3-37）：

```
(1234|)
```

圖 3-37

❑ 傳遞可疊代的物件當參數

我們之前已經介紹過疊代器模式，而在 JavaScript 中只要透過相關的方式
（如 generator）實作疊代器物件，即可讓自訂的資料結構使用 for...of 語
法，如同在使用陣列一樣：

```
1     // 使用 generator 建立可疊代(iterable)的物件
2     function* myRange(start, end) {
3       for(let i = start; i <= end; ++i){
4         yield i;
5       }
6     }
7
8     for(let num of myRange(3, 6)) {
9       console.log(num);
10    }
11    // 3
12    // 4
```

```
13    // 5
14    // 6
```

既然 from 本身可以帶入陣列，那麼當然也可以帶入這種可疊代的物件：

```
1     import { from } from 'rxjs';
2
3     // 使用 generator 建立可疊代(iterable)的物件
4     function* myRange(start, end) {
5       for(let i = start; i <= end; ++i){
6         yield i;
7       }
8     }
9
10    from(myRange(1, 4)).subscribe(data => {
11      console.log(`from 示範 (2): ${data}`);
12    });
13    // from 示範 (2): 1
14    // from 示範 (2): 2
15    // from 示範 (2): 3
16    // from 示範 (2): 4
```

❏ 傳遞 Promise 物件當參數

Promise 是 JavaScript 中處理非同步程式的常見手法，如呼叫 Web API 用的 Fetch API[1] 即是傳回一個 Promise 物件，而透過 from 我們也可以輕易地將一個 Promise 物件包裝成一個 Observable 物件：

```
1     import { from } from 'rxjs';
2
3     // 傳入 Promise 物件當參數
4     from(Promise.resolve(1)).subscribe(data => {
```

---

1 Fetch API 說明：https://developer.mozilla.org/zh-TW/docs/Web/API/Fetch_API/Using_Fetch

```
5       console.log(`from 示範 (3): ${data}`);
6     });
7     // from 示範 (3): 1
```

Promise 物件是非同步且「只會發生一次事件」的處理方式，因此以 Observable 這種資料流的角度來看時，可以解讀成「只發生一次事件就結束的 Observable 物件」，用彈珠圖來理解則是（如圖 3-38）：

```
(1|)
```

圖 3-38

既然是非同步，通常也代表著會有執行順序的時間差，因此也可以加上時間軸來理解（如圖 3-39）：

```
----(1|)
```

圖 3-39

許多 JavaScript 的非同步 API 或網路上的套件，並不會特地回傳 Observable 物件，但回傳 Promise 已經是非常常見了（因為 Promise 已經是內建的標準行為），在使用這些 API 時，可以考慮都用 from 包起來，以便未來統一搭配其他 operators 來讓資料流向更清楚，也因為都包成 Observable 物件，因此會統一使用 subscribe 來取得資料，程式碼一致性會更高！

❏ 傳遞 Observable 物件當參數

from 也可以把一個 Observable 物件當作參數，此時 from 會幫我們訂閱這個 Observable 物件，並重新組成新的 Observable 物件：

```
1    import { from } from 'rxjs';
2
3    from(of(1, 2, 3, 4)).subscribe(data => {
4      console.log(`from 示範 (4): ${data}`)
5    });
6    // from 示範 (4): 1
7    // from 示範 (4): 2
8    // from 示範 (4): 3
9    // from 示範 (4): 4
```

看起來好像多此一舉，但實際上 Observable 觀念本身也是 ECMAScript 尚未正式推出的一個標準規範[2]，因此也有一些套件如 RxJS 以此規範為標準進行實作，包含了 subscribe 的處理方式等等，都是符合標準的，這類物件可以稱為「Observable-like」的物件。而 from 則是支援這類 Observable-like 的物件，也就是任何物件只要提供了一樣的 subscribe 方法，對於 from 而言都是訂閱（呼叫它的 subscribe 方法）後重新包成 RxJS 的 Observable 物件，透過這樣的操作，我們可以輕易整合其他實作 Observable 規範的物件，並享有 RxJS 豐富 operators 帶來的好處！

from 相關範例程式碼：

https://stackblitz.com/edit/rxjs-book-operators-from

圖 3-40

fromEvent

在網頁應用程式開發上，勢必會遇到很多處理 DOM 物件相關事件的情境，而這類的事件實際上都可以想像成是一條「事件資料的串流」，因此若能

2　TC39 - ECMAScript Observable：https://github.com/tc39/proposal-observable

將網頁事件也包裝成 Observable 物件，在整合各種程式上會更加方便，而 RxJS 提供的 fromEvent 就是幫我們做到這一點，它需要傳入兩個參數：

- target：實際上要監聽事件的 DOM 元素。
- eventName：事件名稱。

使用方式也很簡單：

```
1    import { fromEvent } from 'rxjs';
2
3    fromEvent(document, 'click').subscribe(event => {
4      console.log('fromEvent 示範: 滑鼠事件觸發了');
5    });
```

省去用 document.addEventListener('click') 的呼叫，並且直接包裝成 Observable 物件，非常方便！

fromEvent 相關範例程式碼：

https://stackblitz.com/edit/rxjs-book-operators-fromevent

圖 3-41

fromEventPattern

fromEventPattern 可以根據自訂的邏輯決定事件發生，只要我們將邏輯寫好就好；fromEventPattern 需要傳入兩個參數：

- addHandler：必須傳入一個 function，當產生的 Observable 物件**發生訂閱**時，呼叫此 function 來自訂觸發事件的時機。
- removeHandler：必須傳入一個 function，當產生的 Observable 物件**取消訂閱**時，呼叫此 function 將原來的事件邏輯取消。

addHandler 和 removeHandler 都是包含一個 handler 參數物件的 function，而
這個物件其實就是一個被用來呼叫的方法，直接看例子：

```
1   import { fromEventPattern } from 'rxjs';
2
3   const addClickHandler = (handler) => {
4     console.log('fromEventPattern 示範：自定義註冊滑鼠事件')
5     document.addEventListener('click', event => handler(event));
6   }
7
8   const removeClickHandler = (handler) => {
9     console.log('fromEventPattern 示範：自定義取消滑鼠事件')
10    document.removeEventListener('click', handler);
11  };
12
13  const source$ = fromEventPattern(
14    addClickHandler,
15    removeClickHandler
16  );
17
18  const subscription = source$
19    .subscribe(event ->
20      console.log('fromEventPattern 示範：滑鼠事件發生了', event));
21
22  setTimeout(() => {
23    subscription.unsubscribe();
24  }, 3000);
```

第 3~6 行：建立 addClickHandler 當作後續使用的 addHandler 參數，在這裡
我們需要決定如何觸發事件，以這裡的例子是當畫面觸發 click 事件時，同
時呼叫從外部參數傳入的 handler 事件處理方法，並將相關事件當作參數傳
入。

第 8~11 行：建立 removeClickHandler 當作後續使用的 removeHandler 參數，
通常會對應 addHandler 的邏輯，也就是 addHandler 決定了會觸發什麼事

件，而在 removeHandler 內將該事件的觸發邏輯給取消；因此以這邊的例子則是將 handler 事件處理方法呼叫從畫面的 click 事件中給取消。

第 13~16 行：使用 fromEventPattern 將 addHandler 與 removeHandler 的事件處理邏輯包裝成一個 Observable 物件。

第 18~20 行：訂閱該 Observable 物件，此時會呼叫 addHandler 設定的方法，也就是呼叫 addClickHandler 方法，因此會註冊畫面的 click 事件。

第 22~24 行：三秒之後取消訂閱，此時就會呼叫 removeClickHandler 方法，將原來的事件取消。

fromEventPattern 很適合用來整合一些第三方套件的相關事件，由於不是所有套件都會做到支援 addEventListener 處理方式，多數都是由套件提供一個物件以及相關的 callback function 讓我們撰寫事件發生的邏輯，此時就可以將這些 callback function 透過 fromEventPattern 來包裝成一個全新的 Observable 物件。

> ⏰ 小提示：
>
> 當然，以支援 addEventListener 以及 removeEventListener 的物件來說，可以單純使用 fromEvent 就好了，這邊的例子是單純示範 fromEventPattern 的使用方式。

fromEventPattern 相關範例程式碼：

https://stackblitz.com/edit/rxjs-book-operators-fromeventpattern

圖 3-42

range

range 顧名思義就是依照一個範圍內的數列資料來建立 Observable 物件，包含兩個參數：

- start：從哪個數值開始。
- count：建立多少個數值的數列。

例如：

```
1    import { range } from 'rxjs';
2
3    range(3, 4)
4      .subscribe(data => console.log(`range 範例: ${data}`));
5    // range 範例: 3
6    // range 範例: 4
7    // range 範例: 5
8    // range 範例: 6
```

這段程式會從「3」開始依序建立一個「4 個數值」的數列，也就是「3、4、5、6」。

彈珠圖（如圖 3-43）：

```
(3456|)
```

圖 3-43

range 範例程式碼：

https://stackblitz.com/edit/rxjs-book-operators-range

圖 3-44

iif

iif 會透過指定條件來決定產生怎麼樣的 Observable 物件，它需要傳入三個參數：

- condition：必須傳入一個 function，且這個 function 必須會回傳布林值。
- trueResult：必須傳入一個 Observable 物件，當 condition 參數的 function 回傳值為 true 時，使用此物件。
- falseResult：必須傳入一個 Observable 物件，當 condition 參數的 function 回傳值為 false 時，使用此物件。

直接看範例程式：

```
1   import { iif, of, EMPTY } from 'rxjs';
2
3   const emitHelloIfEven = (data) => {
4     return iif(() => data % 2 === 0, of('Hello'), EMPTY);
5   };
6
7   emitHelloIfEven(1)
8     .subscribe(data => console.log(`iif 範例 (1): ${data}`));
9   // (不會印出任何東西)
10
11  emitHelloIfEven(2)
12    .subscribe(data => console.log(`iif 範例 (2): ${data}`));
13  // iif 範例 (2): Hello
```

第 4 行：使用 iif，並判斷傳入的參數是否為偶數，如果是偶數，則使用 of('Hello') 這個 Observable 物件，否則使用 EMPTY 這個「什麼都不做，直接結束」的物件。

第 7~8 行：由於傳入自訂方法的資料**不是偶數**，因此會回傳 EMPTY Observable 物件，當訂閱時整個資料流會直接結束。

第 11~13 行：由於傳入自訂方法的資料**是偶數**，因此會回傳 of('Hello')
Observable 物件，當訂閱時會印出這個資料流內的內容。

透過 iif，我們可以依照指定的條件，來決定使用不同的 Observable 物件，
讓資料的流動更有彈性。

iif 範例程式碼：

https://stackblitz.com/edit/rxjs-book-operators-iif

圖 3-45

⏰ 小提示：

對於 iif 你可能會有疑問：「為什麼不直接使用 if 判斷式決定使用那個
Observable 物件就好？」。

因為我們的判斷條件可能還會包到其他的 operators 裡面，同時這種把一切
都包成 function 也是一種 Functional Programming 的設計風格，因此將判
斷條件也包成一個 function，可以讓整體的設計風格更加一致！

---

interval

interval 會依照的參數設定的時間（毫秒）來建立 Observable 物件，當物
件被訂閱時，就會每隔一段指定的時間發生一次資料流，資料流的值就是
為事件是第幾次發生的（從 0 開始），例如建立一個每一秒發生一次的資料
流：

```
1    import { interval } from 'rxjs';
2
3    interval(1000)
4      .subscribe(data => console.log(`interval 示範 (1): ${data}`));
```

```
5    // interval 示範 (1): 0
6    // interval 示範 (1): 1
7    // interval 示範 (1): 2
8    // ...
```

在取消訂閱前，事件都會持續發生，用彈珠圖來理解的話（如圖 3-46）：

```
----0----1----2----3----.......
```

圖 3-46

當然我們可以在一段時間後把它取消訂閱：

```
1    import { interval } from 'rxjs';
2
3    const subscription = interval(1000)
4      .subscribe({
5        next: data => console.log(`interval 示範 (2): ${data}`),
6        complete: () => console.log('結束')
7      });
8
9    setTimeout(() => {
10     subscription.unsubscribe();
11   }, 3500);
12   // interval 示範 (1): 0
13   // interval 示範 (1): 1
14   // interval 示範 (1): 2
15   // (重點:「結束」不會印出)
```

彈珠圖（如圖 3-47）：

```
----0----1----2----3--
```

圖 3-47

要注意的是這裡並沒有結束符號（|），因為我們是取消訂閱，而非資料流結束了。

interval 範例程式碼：

https://stackblitz.com/edit/rxjs-book-opereator-interval

圖 3-48

timer

timer 跟 上一段介紹的 interval 有點類似，但它多一個參數，用來設定經過多久時間後才開始依照指定的間隔時間計時。

例如設計一個 3 秒後開始以每 1 秒一個新事件的頻率的計時器：

```
1    import { timer } from 'rxjs';
2
3    timer(3000, 1000)
4      .subscribe(data => console.log(`timer 示範 (1): ${data}`));
5    // (等待 3 秒)
6    // timer 示範 (1): 0
7    // timer 示範 (1): 1
8    // timer 示範 (1): 2
9    // timer 示範 (1): 3
10   // ...
```

彈珠圖（如圖 3-49）：

```
--------------------0-----1-----2--......
^ 經過 3000 毫秒
```

圖 3-49

interval 的特性是，傳入指定的時間，假設是 1 秒，訂閱後一定會先等待
1 秒，之後依照每 1 秒一次的頻率發送事件，如果希望第一次事件不要等
待，可以使用 timer，並將第一個參數設為 0 即可：

```
1    import { timer } from 'rxjs';
2
3    timer(0, 1000)
4      .subscribe(data => console.log(`timer 示範 (2): ${data}`));
5    // (立即發生)
6    // timer 示範 (1): 0
7    // timer 示範 (1): 1
8    // timer 示範 (1): 2
9    // timer 示範 (1): 3
10   // ...
```

彈珠圖（如圖 3-50）：

```
0----1----2----3----.....
```

圖 3-50

還有一個重點，timer 如果沒有設定第二個參數，代表在指定的時間發生第
一次事件後，就結束不會再發生任何事件了：

```
1    import { timer } from 'rxjs';
2
3    timer(3000).subscribe({
4      next: data => console.log(`timer 示範 (3): ${data}`),
5      complete: () => console.log(`timer 示範 (3): 結束`)
6    });
7    // (等待 3 秒)
8    // timer 示範 (3): 0
9    // timer 示範 (3): 結束
```

彈珠圖（如圖 3-51）：

```
--------------------(0|)
```

圖 3-51

timer 範例程式碼：

https://stackblitz.com/edit/rxjs-book-operator-timer

圖 3-52

defer

defer 會將建立 Observable 物件的邏輯包裝起來，使用 defer 時需要傳入一個 factory function 當作參數，我們需要在這個 function 裡面回傳一個 Observable 物件（或 Promise 物件也行，defer 會幫我們包裝成 Observable 物件），當 defer 建立的 Observable 物件被訂閱時，會呼叫這個 factory function，並以該 function 回傳的 Observer 物件當作實際訂閱資料流：

```
1    import { defer, of } from 'rxjs';
2
3    const factory = () => of(1, 2, 3);
4    const source$ = defer(factory);
5    source$
6      .subscribe(data => console.log(`defer 示範 (1): ${data}`));
7    // defer 示範 (1): 1
8    // defer 示範 (1): 2
9    // defer 示範 (1): 3
```

const factory = () => of(1, 2, 3) 是實際上要產生 Observable 物件的方法，而這個方法會在第 6 行呼叫 source$.subscribe() 時才會執行；也就是 of(1, 2, 3) 這個 Observable 物件一開始不會被建立，而是直到 source$ 被訂閱時才會產生。

看起來好像多了一個產生的步驟，這樣的好處是我們可以將「建立 Observable 物件」的邏輯推遲到真正發生訂閱時才處理，defer 在程式中很常搭配 Promise 來使用，Promise 物件雖然是非同步執行，但事實上在 Promise 物件產生的瞬間，相關程式就已經開始運作了：

```
1    const p = new Promise((resolve) => {
2      console.log('Promise 內被執行了');
3      setTimeout(() => {
4        resolve(100);
5      }, 1000);
6    });
7    // Promise 內被執行了
8    // (就算還沒呼叫 .then，程式依然會被執行)
9
10   p.then(result => {
11     console.log(`Promise 處理結果: ${result}`);
12   });
```

就算用 from 包起來變成一個 Observable 物件，已經執行的程式依然已經被執行了，呼叫 .then() 不過是再把 resolve() 的結果拿出來而已。如果後續的程式邏輯判斷決定不進行訂閱，反而造成執行了不必要的程式碼，此時 defer 就可以幫我們達到在真正訂閱發生時才執行的目標，也就是延遲評估（lazy evaluation）的效果：

```
1    import { defer } from 'rxjs';
2
3    // 將 Promise 包成 factory function
4    // 因此在此 function 被呼叫前，都不會執行 Promise 內的程式
```

```
5   const promiseFactory = () => new Promise((resolve) => {
6     console.log('Promise 內被執行了');
7     setTimeout(() => {
8       resolve(100);
9     }, 1000);
10  });
11
12  const deferSource$ = defer(promiseFactory);
13
14  // 此時 Promise 內程式依然不會被呼叫
15  console.log('示範用 defer 解決 Promise 的問題:');
16
17  // 直到被訂閱了，才會呼叫裡面的 Promise 內的程式
18  deferSource$.subscribe(result => {
19    console.log(`defer 示範 (2): ${result}`)
20  });
21  // 示範用 defer 解決 Promise 的問題:
22  // Promise 內被執行了
23  // defer 示範 (2): 100
```

defer 範例程式碼：

https://stackblitz.com/edit/rxjs-book-operators-defer

圖 3-53

throwError

從 throwError 這名字應該很容易理解，它就是用來讓整個資料流發生錯誤
（error()）用的！因此訂閱時要記得使用 error 的 callback function 來處理，
同時當錯誤發生時，就不會有「完成」發生。

範例程式：

```
1   import { throwError } from 'rxjs';
2
3   const source$ = throwError(() => '發生錯誤了');
4   source$.subscribe({
5     next: (data) => console.log(`throwError 範例 (next): ${data}`),
6     error: (err) => console.log(`throwError 範例 (error): ${err}`),
7     complete: () => console.log('throwError 範例 (complete)'),
8   });
9   // throwError 範例 (error): 發生錯誤了
```

throwError 通常不會被單獨使用，而是在使用 pipe 設計整條 Observable 資料流時，用來處理錯誤情境的。

彈珠圖（如圖 3-54）：

#

圖 3-54

throwError 範例程式碼：

https://stackblitz.com/edit/rxjs-books-operators-throwerror

圖 3-55

ajax

ajax 算是比較特殊的工具 operator，放在 rjxs/ajax 下，而功能看名字就知道，是用來發送 HTTP 請求抓 API 資料的，會回傳 ajaxResponse 格式。

例如以下程式會使用 ajax 抓取 RxJS 在 GitHub 上的 issues：

```
1  import { ajax } from 'rxjs/ajax';
2
3  const source$ = ajax(
4    'https://api.github.com/repos/reactivex/rxjs/issues');
5  source$.subscribe(result => console.log(result.response));
```

雖然有很多現成的工具可以去抓 API 資料，例如原生的 Fetch API，或是 axios[3]、jQuery[4] 等套件，但使用 ajax 的好處是它已經將整個流程包成 Observable 物件了，我們可以輕易地直接跟許多現有的 operators 組合出各式各樣的玩法，若使用其它套件想跟 RxJS 整合在一起，則需要自行包裝成 Observable 物件。

例如我們可以使用 Observable 類別，把 Fetch API 包裝成一個 Observable 物件，讓它在訂閱時使用 Fetch API 抓取資料並回傳：

```
1  import { Observable } from 'rxjs';
2
3  const source$ = new Observable(subscriber => {
4    fetch('https://api.github.com/repos/reactivex/rxjs/issues')
5      .then(response => response.json())
6      .then(responseBody => {
7        subscriber.next(responseBody);
8        subscriber.complete();
9      });
10  });
11
12  source$.subscribe(data => console.log(data));
```

---

3   axios：https://github.com/axios/axios

4   jQuery：https://jquery.com/

ajax 除了單純傳入網址，使用預設的 GET 方法取得資料外，也可以改成傳入一個 AjaxConfig[5] 設定物件，來控制 GET 或 POST 等方法，或是設定 headers、body 等資訊：

```
1   const source$ = ajax({
2     url: 'https://api.github.com/repos/reactivex/rxjs/issues',
3     method: 'GET'
4   });
5   source$.subscribe(result => console.log(result.response));
```

訂閱 ajax 回傳的結果是一個 AjaxResponse[6] 物件，它包含了完整的 HTTP 請求的回傳資訊（包含 status、headers 與 body 等等）物件，但許多時候我們只會在意回傳的 body 資訊也就是回傳物件的 response 欄位，因此 ajax 另外提供了一個 getJSON() 方法，方便我們在訂閱時可以直接拿到 body 資訊：

```
1   const source$ = ajax
2     .getJSON('https://api.github.com/repos/reactivex/rxjs/issues');
3   source$.subscribe(result => console.log(result));
```

ajax 範例程式碼：

https://stackblitz.com/edit/rxjs-book-operators-ajax

圖 3-56

---

5   AjaxConfig 物件完整屬性：https://rxjs-dev.firebaseapp.com/api/ajax/AjaxConfig
6   AjaxResponse 物件完整屬性：https://rxjs-dev.firebaseapp.com/api/ajax/AjaxResponse

▶ 3-5 組合／建立類型 Operators

組合／建立類型的 Operators 跟建立類型的 Operators 非常類似，都是依照特定來源建立 Observable 物件，差別在於組合／建立類型的通常是將多個資料來源或 Observable 物件進行組合，而產生一個新的 Observable 物件來訂閱。

concat

concat 可以將數個 Observables 物件組合成一個新的 Observable 物件，並且在每個 Observable 物件結束（`complete()`）後才接續執行下一個 Observable 物件的流程，假如有三個 Observable 物件：

```
1    import { of } from 'rxjs';
2
3    const sourceA$ = of(1, 2);
4    const sourceB$ = of(3, 4);
5    const sourceC$ = of(5, 6);
```

而彈珠圖分別為（如圖 3-57）：

```
sourceA$:    (12|)
sourceB$:    (34|)
sourceC$:    (56|)
```

圖 3-57

如果希望這三個 Observable 物件依序執行，也就是希望產生一個 Observable 物件如彈珠圖（如圖 3-58）：

```
(123456|)
```

圖 3-58

> ⏰ **小提示：**
>
> 之前的介紹我們都是將程式寫好，在畫出彈珠圖示意資料流程，但在實際
> 溝通時，常常會先把預期的執行流程畫成彈珠圖，再來思考要搭配那些
> Operators 處理，以便與他人進行溝通交流。

在沒有其他 Operators 的幫助下，我們可以先訂閱 sourceA$，並在 sourceA$
結束時訂閱 sourceB$，最後在 sourceB$ 結束時訂閱 sourceC$ 來達到目標：

```
1    import { of } from 'rxjs';
2
3    const sourceA$ = of(1, 2);
4    const sourceB$ = of(3, 4);
5    const sourceC$ = of(5, 6);
6
7    // 訂閱 sourceA$
8    sourceA$.subscribe({
9      next: data => console.log(data),
10     // sourceA$ 完成後訂閱 sourceB$
11     complete: () => sourceB$.subscribe({
12       next: data => console.log(data),
13       // sourceB$ 完成後訂閱 sourceC$
14       complete: () => sourceC$.subscribe({
15         next: data => console.log(data)
16       })
17     })
18   });
19   // 1
20   // 2
21   // 3
22   // 4
23   // 5
24   // 6
```

不用多説，這樣的程式當然是不太好的，這種巢狀的訂閱會造成整個程式碼的閱讀性大幅度的降低！解除這種巢狀訂閱的方式很多，而 RxJS 中提供的 concat 就可以幫助達到目標：

```
1   import { of, concat } from 'rxjs';
2
3   const sourceA$ = of(1, 2);
4   const sourceB$ = of(3, 4);
5   const sourceC$ = of(5, 6);
6
7   concat(sourceA$, sourceB$, sourceC$)
8     .subscribe(data => {
9       console.log(data);
10    });
11  // 1
12  // 2
13  // 3
14  // 4
15  // 5
16  // 6
```

結果當然是一樣的，不過程式碼人幅簡化了，整體的可讀性變得非常高，同時也避免了巢狀訂閱的狀況。

使用 concat 要特別注意的是，由於一定會等到目前 Observable 物件訂閱「結束」才繼續下一個 Observable 物件，因此在設計來源 Observable 物件時，一定要將「結束」這件事情考量在內，當然不是一定要結束，畢竟這關係到 Observable 本身的流程設計，但常見的一個小錯誤是用了不會結束的 Observable 物件如使用 interval 建立 Observable 物件，或使用 Subject 類別建立 Observable 物件卻忘了呼叫 complete()，結果永遠等不到下一個 Observable 物件被訂閱的情況。

彈珠圖（如圖 3-59）：

```
sourceA$: 1      2       |
sourceB$: 3      4       |
sourceC$: 5      6       |

concat(sourceA$, sourceB$, source$)

(sourceA$)   (sourceB$)   (sourceC$)
1      2       3      4       5       6       |
             ^ sourceA$ 結束，接續 sourceB$
                    ^ sourceB$ 結束，接續 sourceC$
```

圖 3-59

concat 範例程式碼：

https://stackblitz.com/edit/rxjs-book-operators-concat

圖 3-60

merge

merge 跟 concat 類似，但會同時訂閱參數內所有的 Observable 物件，因此會有「平行處理」的感覺，直接看程式碼：

```
1    import { interval, merge, map } from "rxjs";
2
3    const sourceA$ = interval(1000).pipe(
4      map(data => `A${data}`)
5    );
6
7    const sourceB$ = interval(3000).pipe(
8      map(data => `B${data}`)
9    );
```

```
10
11    const sourceC$ = interval(5000).pipe(
12      map(data => `C${data}`)
13    );
14
15    merge(sourceA$, sourceB$, sourceC$)
16      .subscribe(data => {
17        console.log(`merge 範例：${data}`)
18      });
19    // merge 範例：A1
20    // merge 範例：A2
21    // merge 範例：A3 (A3, B1 會同時發生)
22    // merge 範例：B1
23    // merge 範例：A4
24    // merge 範例：A5 (A5, C1 會同時發生)
25    // merge 範例：C1
26    // merge 範例：A6 (A6, B2 會同時發生)
27    // merge 範例：B2
28    // ...
```

sourceA\$、sourceB\$ 和 sourceC\$ 三個 Observable 物件會同時訂閱，因此 sourceA\$ 在第三秒時，會和 sourceB\$ 同時有事件發生，直接用彈珠圖表達（如圖 3-61）：

```
sourceA$: --A1--A2--A3--A4--A5--A6--....
sourceB$: ----------B1----------B2--...
sourceC$: ------------------C1------....

merge(sourceA$, sourceB$, sourceC$)

--A1--A2--(A3,B1)--A4--(A5,C1)--(A6,B2)------.......
```

圖 3-61

整體運作順序為：

- 第 1 秒時，sourceA$ 發生了 A1 事件。
- 第 2 秒時，sourceB$ 發生了 A2 事件，且維持每一秒發生一次事件。
- 第 3 秒時，sourceA$ 和 sourceB$ 同時分別發生了 A3 和 B1 事件，且 sourceB$ 維持每三秒發生一次事件。
- 第 5 秒時，sourceA$ 和 sourceC$ 同時分別發生了 A5 和 C1 事件，且 sourceC$ 維持每五秒發生一次事件。
- 第 6 秒時，sourceA$ 和 sourceB$ 同時分別發生了 A6 和 B2 事件。

merge 範例程式碼：

https://stackblitz.com/edit/rxjs-book-2nd-operators-merge

圖 3-62

zip

zip 有拉鍊的意思，拉鍊是把兩個鏈條合併在一起，且資料是「一組一組合併在一起的」，實際上在使用時，zip 確實就是這樣的感覺，它會將傳入的 Observable 物件依照事件發生次序組合在一起成為一個陣列，已經被組合過的就不會再次被組合：

```
1    import { interval, zip, map } from 'rxjs';
2
3    const sourceA$ = interval(1000).pipe(
4      map(data => `A${data + 1}`)
5    );
6    const sourceB$ = interval(2000).pipe(
7      map(data => `B${data + 1}`)
8    );
```

```
9    const sourceC$ = interval(3000).pipe(
10     map(data => `C${data + 1}`)
11   );
12
13   zip(sourceA$, sourceB$, sourceC$).subscribe(data => {
14     console.log(`zip 範例: ${data}`)
15   });
16   // zip 範例: [A1, B1, C1]
17   // zip 範例: [A2, B2, C2]
18   // zip 範例: [A3, B3, C3]
```

由於 zip 會依照事件發生的次序組合，因此一定會在每個內部 Observable
物件（也就是 sourceA$、sourceB$ 和 sourceC$）至少產生一次事件資料
後，才會有輸出的事件，也因此當第 3 秒 C1 事件發生時，雖然 sourceA$ 已
經發生過三次事件到 A3，但 C1 還是會跟 B1 以及 A1 組合在一起當作輸出的
事件。

彈珠圖（如圖 3-63）：

```
sourceA$: --A1--A2--A3--A4--............
sourceB$:     ----B1 ----B2    B3--....
sourceC$:       ------C1      ------C2       ------C3......

zip(sourceA$, sourceB$, sourceC$)

              ------**    ------**    ------**.......
             [A1,B1,C1]  [A2,B2,C2]  [A3,B3,C3]
```

圖 3-63

這邊彈珠圖刻意把時間拉開一點，可以注意到合併的方式是依照事件發生
的次序進行合併的，也就是「所有第一次發生的事件」會合併成一組，「所
有第二次發生的事件」會合併成另外一組，以此類推。

如果感覺用文字描述有點難以理解，也可以直接畫成圖片（如圖 3-64）：

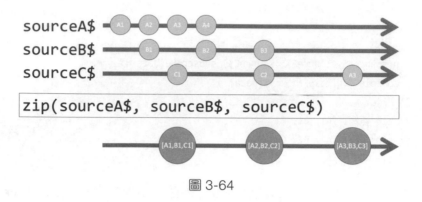

圖 3-64

zip 範例程式碼：

https://stackblitz.com/edit/rxjs-book-2nd-operators-zip

圖 3-65

partition

與 concat、merge 和 zip 這種將多個 Observable 物件組合成一個新的 Observable 物件不同的是，partition 會將 Observable 依照指定的規則拆成**兩個 Observable 物件**。

partition 需要兩個參數：

- source：來源 Observable 物件。
- predicate：用來拆分的條件，必須是一個 function，來源 Observable 物件訂閱後每次收到的事件都會將資料傳入此 function，並回傳是否符合條件（布林值）。符合條件（true）的資料會被歸到一個 Observable 物件中，而不符合條件的資料則被歸到另外一個 Observable 物件中。

直接看範例程式：

```
1    import { of, partition } from 'rxjs';
2
3    const source$ = of(1, 2, 3, 4, 5, 6);
4
5    const [sourceEven$, sourceOdd$] = partition(
6      source$,
7      (data) => data % 2 === 0
8    );
9
10   sourceEven$.subscribe(
11     data => console.log(`partition 範例 (偶數): ${data}`));
12   // partition 範例 (偶數): 2
13   // partition 範例 (偶數): 4
14   // partition 範例 (偶數): 6
15
16   sourceOdd$.subscribe(
17     data => console.log(`partition 範例 (奇數): ${data}`));
18   // partition 範例 (奇數): 1
19   // partition 範例 (奇數): 3
20   // partition 範例 (奇數): 5
```

彈珠圖（如圖 3-66）：

```
source$:      -----1-----2-----3-----4-----5-----6-----|

[sourceEven$, sourceOdd$] = partition(
  source$,
  (data) => data % 2 === 0
);

sourceEven$:  -----------2-----------4------------6-----|
sourceOdd$:   -----1-------------3----------5-----------|
```

圖 3-66

在這個 SPA 架構盛行的時代，我們常常會在網頁上管理各種狀態，像是「登入」和「登出」等狀態，如果我們希望兩種狀態有各自不同的情境處理時，就可以用 partition 切成兩條 Observable 物件資料流，然後各自只要專注在處理各自的邏輯就好，可以寫成類似這樣的程式碼：

```
1    import { partition, Subject } from 'rxjs'
2
3    const isLogin$ = new Subject();
4
5    const [login$, logout$] = partition(
6      isLogin$,
7      (data) => data
8    );
9
10   // 將登入和登出視為兩個狀態，分別管理
11   login$.subscribe(() => console.log('我登入囉！'));
12   logout$.subscribe(() => console.log('我登出啦！'));
13
14   // 我們可以用程式去控制登入和登出兩個狀態
15   setTimeout(() => isLogin$.next(true), 1000);
16   setTimeout(() => isLogin$.next(false), 2000);
17   setTimeout(() => isLogin$.next(true), 3000);
18   setTimeout(() => isLogin$.next(false), 4000);
19   setTimeout(() => isLogin$.next(true), 5000);
```

partition 範例程式碼：

https://stackblitz.com/edit/rxjs-book-operator-partition

圖 3-67

combineLatest

combineLatest 跟 zip 很像，差別在於 zip 會依照事件發生的次序進行組合，而 combineLatest 會在資料流有事件發生時，直接跟當下其他資料流的「最後一個事件資料」組合在一起，也因此它的名稱是 Latest 結尾，另一個不同的地方是 combineLatest 內的參數是 Observable 物件的陣列，當訂閱後會把陣列內的這些 Observable 物件全部組合起來；直接看看程式碼：

```
1    import { combineLatest, interval, map } from 'rxjs';
2
3    const sourceA$ = interval(1000).pipe(
4      map(data => `A${data + 1}`)
5    );
6    const sourceB$ = interval(2000).pipe(
7      map(data => `B${data + 1}`)
8    );
9    const sourceC$ = interval(3000).pipe(
10     map(data => `C${data + 1}`)
11   );
12
13   combineLatest([sourceA$, sourceB$, sourceC$])
14     .subscribe(
15       data => console.log(`combineLates 範例: ${data}`));
16   // combineLatest 範例: A3,B1,C1
17   // combineLatest 範例: A4,B1,C1
18   // combineLatest 範例: A4,B2,C1
19   // combineLatest 範例: A5,B2,C1
20   // combineLatest 範例: A6,B2,C1
21   // combineLatest 範例: A6,B3,C1
22   // combineLatest 範例: A6,B3,C2
23   // ...
```

從結果可以看到每次有事件發生時都會將所有 Observable 訂閱當下最後發生的事件值組合起來。

當 sourceA$ 的 A1 事件發生時，因為其他 Observable 訂閱還沒有任何新事件，因此沒有辦法組合，直到 sourceA$ 的 A3 事件發生時，sourceB$ 以及 sourceC$ 才有了第一次的事件值（也是目前的最後一次），此時才進行資料組合，因此得到結果 [A3, B1, C1]。

而當 sourceA$ 的 A4 事件發生時，則會跟目前 sourceB$ 的最後一次事件 B1 以及 sourceC$ 的最後一次事件 C1 組合，也就是 [A4, B1, C1]；依此類推。

彈珠圖（如圖 3-68）：

```
sourceA$: --A1--A2--A3        --A4         --A5......
sourceB$:     ----B1          --B2         ....
sourceC$:       ------C1

combineLatest(sourceA$, sourceB$, sourceC$)

              ------**         --**          --**.......
                [A3,B1,C1]   [A4,B1,C1]
                             [A4,B2,C1] (兩個來源 Observable 同時發生事件)
```

圖 3-68

除了傳入陣列以外，RxJS 7 還可以傳入一個字典檔物件，例如：

```
1    const dict = { A: sourceA$, B: sourceB$, C: sourceC$};
2    combineLatest(dict).subscribe(...);
```

當訂閱時，就會根據這個物件的每個 Observable 物件訂閱，並依照欄位名稱組合成新的物件：

```
1    const dict = { A: sourceA$, B: sourceB$, C: sourceC$ };
2    combineLatest(dict)
3      .subscribe(data => console.log(data));
```

```
4     // {A: "A3", B: "B1", C: "C1"}
5     // {A: "A4", B: "B1", C: "C1"}
6     // {A: "A4", B: "B2", C: "C1"}
7     // {A: "A5", B: "B2", C: "C1"}
8     // {A: "A6", B: "B2", C: "C1"}
9     // {A: "A6", B: "B3", C: "C1"}
10    // {A: "A6", B: "B3", C: "C2"}
11    // ...
```

比起陣列的形式，會更加好理解！

combineLatest 範例程式碼：

https://stackblitz.com/edit/rxjs-book-operators-2nd-combinelatest

圖 3-09

forkJoin

forkJoin 會同時訂閱全部傳入的 Observable 物件，直到每個 Observable 物件訂閱都「結束」後，才將每個 Observable 事件的「最後一筆值」組合起來。

範例程式：

```
1     import { interval, forkJoin, map, take } from 'rxjs';
2
3     const sourceA$ = interval(1000).pipe(
4       map(data => `A${data + 1}`),
5       take(5)
6     );
7     const sourceB$ = interval(2000).pipe(
8       map(data => `B${data + 1}`),
```

```
9      take(4)
10    );
11    const sourceC$ = interval(3000).pipe(
12      map(data => `C${data + 1}`),
13      take(3)
14    );
15
16    forkJoin([sourceA$, sourceB$, sourceC$]).subscribe({
17      next: data => console.log(`forkJoin 範例 (1): ${data}`),
18      complete: () => console.log('forkJoin 範例 (1): 結束')
19    });
20    // forkJoin 範例 (1): A5,B4,C3
21    // forkJoin 範例 (1): 結束
```

因為要等所有 Observable 的訂閱都結束，因此這裡也加入了 take 這個 operator，它會在事件發生指定次數後結束整個 Observable 訂閱。

範例程式中，因為最後是 sourceC$ 的 C3 事件，此時 sourceA$ 和 sourceB$ 都已經結束了，事件值分別是 A5 和 B4，因此最後訂閱時會得到一個 [A5, B4, C3] 然後結束。

彈珠圖（如圖 3-70）：

```
sourceA$: --A1--A2--A3--A4--A5|
sourceB$: ----B1 ----B2 ----B3 ---- B4|
sourceC$:     ------C1    ------C2     ------C3|

forkJoin(sourceA$, sourceB$, sourceC$)

             ------    ------    ------**|
                                  [A5,B4,C3]
```

圖 3-70

同樣的，我們也可以帶入一個字典物件，forkJoin 在訂閱完成後會幫我們組合成物件資料：

```
1    const dict = { A: sourceA$, B: sourceB$, C: sourceC$ };
2    forkJoin(dict).subscribe({
3      next: data => console.log(data),
4      complete: () => console.log('forkJoin 範例 (2): 結束')
5    });
6    // {A: "A5", B: "B4", C: "C3"}
7    // forkJoin 範例 (2): 結束
```

forkJoin 範例程式碼：

https://stackblitz.com/edit/rxjs-book-2nd-operators-forkjoin

圖 3-71

race

race 本身就有「競賽」的意思，因此這個 operator 接受的參數是數個 Observable 物件，當使用 race 建立的 Observable 物件被訂閱時，會同時訂閱這些內部的 Observable 物件，當其中一個 Observable 訂閱率先發生事件後，就會以這個 Observable 的事件為主，並且退訂其他的 Observable 的訂閱，也就是先到先贏，其他都是輸家。

範例程式：

```
1    import { race, interval, map } from 'rxjs';
2
3    const sourceA$ = interval(1000).pipe(
4      map(data => `A${data + 1}`)
5    );
6    const sourceB$ = interval(2000).pipe(
```

```
7      map(data => `B${data + 1}`)
8    );
9    const sourceC$ = interval(3000).pipe(
10     map(data => `C${data + 1}`)
11   );
12
13   const subscription = race([sourceA$, sourceB$, sourceC$])
14     .subscribe(data => console.log(`race 範例: ${data}`));
15   // A1
16   // A2
17   // A3
18   // ... (因為 sourceA$ 已經先到了，其他 Observables 就退訂不處理)
```

彈珠圖（如圖 3-72）：

```
sourceA$: --A1--A2--A3.....
sourceB$:   ----B1.........
sourceC$:     ------C1.....

race(sourceA$, sourceB$, sourceC$)

      --A1--A2--A3.....
        ^ sourceA$ 先到了，因此退訂 sourceB$ 和 sourceC$
```

圖 3-72

race 範例程式碼：

https://stackblitz.com/edit/rxjs-book-2nd-operators-race

圖 3-73

▶ 3-6 轉換類型 Operators

轉換類型的 operators 可以將來源 Observable 物件訂閱的事件資料依照不同邏輯「轉換」成另外一筆資料，在程式開發的過程中，我們經常會需要將收到的資料（不論來源為何）進行整理，而只要來源資料是 Observable 物件，都可以搭配這些 operators 進行整理。

map

map 在實務上使用的頻率可以說是壓倒性的高！它是許多 operators 的基礎，光是懂得如何善用 map，就可以完成非常非常多的功能，許多其他的 operators 功能其實都可以使用 map 來完成，只是基於 map 再把功能包裝起來。

那麼 map 的功能到底是什麼呢？很簡單，就是把 Observable 物件所訂閱的每次「事件的值依照指定條件置換成另外一個值」，直接看範例：

```
1    import { of, map } from 'rxjs';
2
3    of(1, 2, 3, 4).pipe(
4      map(value => value * 2)
5    ).subscribe(value => console.log(`map 示範 (1): ${value}`));
6    // map 示範 (1): 2
7    // map 示範 (1): 4
8    // map 示範 (1): 6
9    // map 示範 (1): 8
```

彈珠圖（如圖 3-74）：

```
1    2    3    4|

map(value => value * 2)

2    4    6    8|
```

圖 3-74

原本來源 Observable 物件訂閱時會得到的值，會經過 map operator，而 map 內要傳入一個 callback function，在這個 function 內可以自行撰寫程式將來源的事件值以另外一個資料回傳，以這邊的例子來說，就是將事件資料乘以二並回傳，因此最後訂閱到的結果會是來源 Observable 物件內事件值乘以二的結果。

map 內的 callback function 參數除了傳入每次事件值以外，還可以傳入一個 index 參數，代表目前的值是 Observable 訂閱後第幾次發生的事件：

```
1    import { of, map } from 'rxjs';
2
3    of(1, 2, 3, 4).pipe(
4      map((value, index) => `第${index} 次事件資料為 ${value}`)
5    ).subscribe(message => console.log(`map 範 (2): ${message}`));
6    // map 示範 (2): 第0 次事件資料為 1
7    // map 示範 (2): 第1 次事件資料為 2
8    // map 示範 (2): 第2 次事件資料為 3
9    // map 示範 (2): 第3 次事件資料為 4
```

如果你對 JavaScript 陣列操作相關的 API 熟悉的話應該也不難發現，這跟陣列的 map 方法幾乎一模一樣，差別在於：

- Observable 的 map 是每次有事件發生時進行轉換。
- 陣列的 map 會立刻把整個陣列的資料進行轉換。

在實務應用時，map 使用的時機多半是需要將事件資料根據一些規則進行整理，之後再往下拋，因此之後不管是搭配其他的 operator 還是直接訂閱處理，都可以專注在想要的邏輯上，而不用去想前面或後面步驟的邏輯（當然，在用陣列的 map 也是一樣的思維），舉個例子來說，有個需求：

> 由於某次考試難度太高，老師決定將考試成績開根號後乘以十，而小數點省略，再顯示大於等於 60 分及格，小於 60 分不及格。

在思考如何開發的時候，我們可以把步驟一步一步拆解：

1. 將成績開根號。
2. 開根號後的成績乘以十。
3. 把小數點省略。
4. 判斷是否及格。
5. 將結果顯示在畫面上。

將步驟思考好後，就可以逐步地完成每一個步驟：

```
1   import { of, map } from 'rxjs';
2
3   const studentScore = [
4     { name: '小明', score: 100 },
5     { name: '小王', score: 49 },
6     { name: '小李', score: 30 }
7   ];
8
9   of(...studentScore).pipe(
10    // 專注處理開根號邏輯
11    map(student =>
```

```
12        ({...student, newScore: Math.sqrt(student.score)}})),
13      // 專注處理乘以十邏輯
14      map(student =>
15        ({...student, newScore: student.newScore * 10}})),
16      // 專注處理取整數
17      map(student =>
18        ({...student, newScore: Math.ceil(student.newScore)}})),
19      // 專注處理判斷是否及格
20      map(student => ({...student, pass: student.newScore >= 60}}))
21    ).subscribe(student => {
22      // 專注處理如何顯示
23      const name = student.name;
24      const newScore = student.newScore;
25      const result = student.pass ? '及格': '不及格';
26      const display = `${name} 成績為 ${newScore} (${result}`;
27      console.log(`map 示範 (3): ${display})`);
28    });
29
30    // map 示範 (3): 小明 成績為 100 (及格)
31    // map 示範 (3): 小王 成績為 70 (及格)
32    // map 示範 (3): 小李 成績為 55 (不及格)
```

這段程式碼中也融入了一些過去提到 Functional Programming 時的觀念，我們將執行過程盡量拆成數個小步驟，讓每個步驟本身變得更簡單，關注點更加明確。而在 map 內我們也應用了 immutable（不可變物件）的處理方式，使用展開運算子（Spread Syntax）來確保每次修改都是回傳一個新的物件，而不會改到原來的物件，讓程式運作過程更可靠；剛開始看到這樣的程式碼可能會覺得不太習慣，但習慣後一定會讓你有種寫得很安心的感覺！

map 範例程式碼：
https://stackblitz.com/edit/rxjs-book-2nd-operators-map

圖 3-75

scan

在 Observable 物件訂閱時，每次的事件值會傳入 scan 設定的 callback function 內，並從此 callback function 回傳一個新的事件值，且在每次收到事件值時，也可以在 callback function 內得知上一次事件的值，以便我們進行額外處理。

scan 需要傳入兩個參數：

- 累加函數：也就是實際上收到事件時會被呼叫的 callback function，這個函數被呼叫時會傳入三個參數，可以搭配這三個參數處理資料後回傳 個結果，函數的參數包含：
  - acc：目前的累加值，也就是上一次呼叫累加函數時回傳的結果。
  - value：目前事件值。
  - index：目前是第幾次發生的事件。
- 初始值。

在 Observable 被訂閱時，會以「初始值」作為起始結果，並傳入累加函數中，我們可以在這裡面做一些運算，再回傳下次使用的累加值，每次會傳的結果就被「轉換」成新的事件值，範例程式：

```
1    import { of, scan } from 'rxjs';
2
3    const donateAmount = [100, 500, 300, 250];
4
```

```
5    const accumDonate$ = of(...donateAmount).pipe(
6      scan(
7        (acc, value) => acc + value, // 累加函數
8        0 // 初始值
9      )
10   );
11
12   accumDonate$.subscribe(amount => {
13     console.log(`目前 donate 金額累計: ${amount}`)
14   });
15   // 目前 donate 金額累計: 100
16   // 目前 donate 金額累計: 600
17   // 目前 donate 金額累計: 900
18   // 目前 donate 金額累計: 1150
```

彈珠圖（如圖 3-76）：

```
(100      500      300      250|)

scan((acc, value) => acc + value, 0)

(100      600      900      1150|)
```

圖 3-76

以目前的程式為例，訂閱後每次收到的事件資料都是本次事件值與前一次事件的相加，而第一次事件發生時，則是與傳入的初始值相加。

scan 跟 map 蠻像的，但 scan 可以保留上一次事件的資料，方便我們進行其他的處理。另外還有一個 operator 叫做 reduce，行為幾乎一樣，但只會回傳結束時的最終結果，之後介紹「聚合」類型的 operators 時再來說明。

scan 範例程式碼：

https://stackblitz.com/edit/rxjs-book-2nd-operators-scan

圖 3-77

pairwise

pairwise 可以將 Observable 物件訂閱後的事件資料「成雙成對」的輸出成新的事件，這個 operator 沒有任何參數，因為它只需要原來的 Observable 物件作為資料來源就足夠了，直接看看程式碼：

```
1    import { of, pairwise } from 'rxjs';
2
3    of(1, 2, 3, 4, 5, 6).pipe(
4      pairwise()
5    ).subscribe(data => {
6      console.log(`pairwise 示範 (1): ${data}`);
7    })
8    // pairwise 示範: 1,2
9    // pairwise 示範: 2,3
10   // pairwise 示範: 3,4
11   // pairwise 示範: 4,5
12   // pairwise 示範: 5,6
```

pairwise 會將「目前事件資料」和上一次「事件資料」組成一個長度 2 的陣列，值得注意的是，因為「第一次」事件發生時，沒有「上一次」事件，因此第一次事件發生時，訂閱結果不會收到任何事件值。

彈珠圖（如圖 3-78）：

```
(      1      2      3      4      5      6|)

pairwise()

(          [1,2]  [2,3]  [3,4]  [4,4]  [5,6]|)
        ^ 第一次事件發生時會被過濾掉
```

圖 3-78

由於 pairwise 不會知道在沒有前一次事件值時該如何處理，因此第一次事件發生時會自動忽略，如果有明確的規則（例如沒有上一次事件時就當作 null），也可以改用剛剛前一段學到的 scan 來處理：

```
1    import { of, scan } from 'rxjs';
2
3    of(1, 2, 3, 4, 5, 6).pipe(
4      scan(
5        (accu, value) => ([accu === null ? null : accu[1], value]),
6        null
7      )
8    ).subscribe((data: number) => {
9      console.log(data);
10   });
11   // [null, 1]
12   // [1, 2]
13   // [2, 3]
14   // [3, 4]
15   // [4, 5]
16   // [5, 6]
```

scan 範例程式碼：
https://stackblitz.com/edit/rxjs-book-2ndoperators-pairwise

圖 3-79

switchMap

switchMap 內是一個 project callback function，此 function 內的參數為前一個 Observable 物件訂閱的事件值，同時必須回傳另外一個 Observable 物件，而 switchMap 則會幫我們訂閱此 Observable 物件，並改以此 Obervable 物件的事件值作為後續訂閱收到的事件結果；透過 switchMap 可以幫助我們把來源事件值換成另外一個 Observable 物件，而原來的訂閱將會收到該 Observable 物件的訂閱結果。

先看彈珠圖，比較好說明 switchMap 想達到的效果（如圖 3-80）：

```
source$ ------ 1-- ----- 3-- ----- 5 ------|
project = (i) = i*10--i*10|

click$.pipe(switchMap(project))

      ------10--10-----30--30-----50--50---|
            ^ source$ 發出事件 1，轉換成 10--10|
                  ^ source$ 發出事件 3，轉換成 30--30|
                        ^ source$ 發出事件 5，轉換成 50--50|
```

圖 3-80

每當 source$ 有新的事件發生時，透過 project 這個 callback，將事件資料換成一個「資料乘以 10 並且發生兩次事件」的 Observable 物件，並以此 Observable 物件的訂閱結果，當作最終訂閱的事件資料。

switchMap 還有另外一個重點，就是「切換」（switch）的概念，當來源 Observable 物件訂閱有新的事件時，如果上一次轉換的 Observable 物件訂閱還沒完成，會直接退訂上一次的訂閱，並改用新的 Observable 物件訂閱，直接看看程式碼：

```
1    import { interval, timer, switchMap } from 'rxjs';
2
3    interval(3000).pipe(
4      switchMap(() => timer(0, 1000))
5    ).subscribe(data => {
6      console.log(data);
7    });
8    // 0
9    // 1
10   // 2
11   // 0 (新事件發生，退訂上一個 Observable)
12   // 1
13   // 2
14   // ...
```

每次事件發生時，都會被換成另一個 Observable 物件並且訂閱它，同時上一個 Observable 的訂閱如果還沒完成，會把它退訂掉。

因此以範例程式來看，當來源 Observable 物件（interval(0, 3000)）每次有新事件發生時，會產生新的 Observable 物件（timer(0, 1000)），如果上一次 Observable 訂閱還沒有完成，會被退訂閱掉，「切換」成新的 Observable 物件來訂閱。因此每次都只會產生 0, 1, 2 的循環。

當我們需要關注在「新事件產生的新資料流，過去的資料流不再重要時」，就可以考慮使用 switchMap。

例如，「重新整理」按鈕，通常按下去後會重新呼叫 API 抓取資料，而當資料抓取中如果再次按下「重新整理」的按鈕，就會以新的 API 呼叫結果為

主，上一次的 API 呼叫如果還在等待中，就將它取消，範例程式：

```
1   import { fromEvent, map, switchMap } from 'rxjs';
2   import { ajax } from 'rxjs/ajax';
3
4   // 重新整理按鈕事件資料流
5   const refresh$ =
6     fromEvent(document.querySelector('#refresh'), 'click');
7
8   // 抓 API 的資料流
9   const request$ = ajax('https://...');
10
11  // 用 switchMap 將重新整理按鈕切事件換成抓取 API 的 Observable 物件
12  refresh$.pipe(
13    switchMap(_ => request$),
14    map(response => response.response)
15  ).subscribe(result => {
16    // 處理收到的資料
17  });
```

switchMap 範例程式碼：

https://stackblitz.com/edit/rxjs-book-2nd-operators-switchmap

圖 3-81

concatMap

concatMap 在每次事件發生時都會產生新的 Observable 物件進行訂閱，與 switchMap 類似，不過 concatMap 會等之前的 Observable 物件訂閱結束後，才會「接續」（concat）新產生的 Observable 物件訂閱。

範例程式：

```
1    import { interval, timer, concatMap } from 'rxjs';
2
3    interval(3000).pipe(
4      concatMap(() => timer(0, 1000))
5    ).subscribe(data => {
6      console.log(data);
7    });
8    // 0
9    // 1
10   // 2
11   // 3
12   // 4
13   // 5
14   // 6
15   // (不會結束...)
```

由 於 concatMap 轉 換 了 一 個 沒 有 結 束 機 會 的 Observable，因 此 來 源 Observable 物件訂閱（interval(3000)）雖然持續會有新事件資料，但卻因為上一次的 Observable 訂閱沒有結束而無法繼續。

在使用 concatMap 時，轉換後的 Observable 物件通常都會設定結束條件，也就是要確保資料流會完成（complete()），否則很容易就會產生不可預期的問題（就是一直不會結束），例如：

```
1    import { interval, timer, concatMap, take } from 'rxjs';
2
3    const source1$ = interval(3000);
4    const source2$ = timer(0, 1000).pipe(take(5));
5
6    source1$.pipe(
7      concatMap(_ => source2$)
8    ).subscribe(data => {
9      console.log(data);
```

```
10    });
11    // 0
12    // 1
13    // 2
14    // 3
15    // 4 (此時轉換後的 Observable 物件訂閱結束)
16    // 0
17    // 1
18    // ...
```

彈珠圖（如圖 3-82）：

```
source1$ -----0-----1-----2-----3.....
source2$ -0-1-2-3-4|

source1$.pipe(concatMap(() => source2$))

         -------0-1-2-3-4-0-1-2-3-4-0-1-2-3-4-0-1-2-3-4
                ^ source1$ 的事件 0，換成 source2$ 資料流
                  ^ source1$ 的事件 1，但上一次資料流還沒結束，等待中
                     ^ source1$ 事件 0 轉換的資料流結束，開始新的資料流
```

圖 3-82

當每次轉換後的資料流都非常重要需要等待它們結束，且必須照著順序執行時，使用 concatMap 就對了！

concatMap 範例程式碼：

https://stackblitz.com/edit/rxjs-book-2nd-opereators-concatmap

圖 3-83

mergeMap

mergeMap 會把所有被轉換成的 Observable 物件訂閱的事件值「合併」（merge）到同一條資料流內，有點平行處理的概念，也就是每此轉換的 Observable 物件都會直接進行訂閱，不會退訂上一次的 Observable 物件訂閱，也不會等待上一次的 Observable 物件訂閱結束，因此任何目前存在中的 Observable 訂閱有新事件時，都會被轉換成整體訂閱資料流的事件，範例程式：

```
1    import { timer, mergeMap, map } from 'rxjs';
2
3    const source1$ = timer(0, 3000);
4    const getSource2 = (input) => timer(0, 1500)
5      .pipe(map(data => `資料流 ${input}: ${data}`));
6
7    source1$.pipe(
8      mergeMap(data => getSource2(data))
9    ).subscribe(result => {
10     console.log(result);
11   });
12   // 資料流 0: 0
13   // 資料流 0: 1
14   // 資料流 1: 0 (新事件，新資料流)
15   // 資料流 0: 2
16   // 資料流 1: 1
17   // 資料流 0: 3
18   // 資料流 2: 0 (新事件，新資料流)
19   // 資料流 1: 2
20   // 資料流 0: 4
21   // 資料流 1: 3
22   // 資料流 2: 1
23   // ...
```

mergeMap 用文字版彈珠圖比較不好描述,讓我們直接畫一張示意的彈珠圖,說明 mergeMap 的運作過程(如圖 3-84):

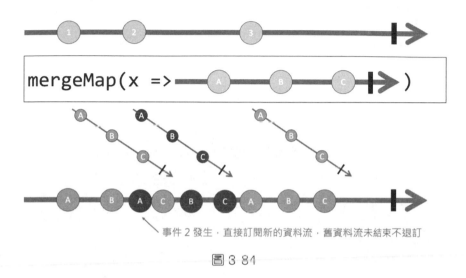

事件 2 發生,直接訂閱新的資料流,舊資料流未結束不退訂

圖 3-84

可以看到在轉換的 Observable 物件訂閱結束前,都會即時的得到每個 Observable 物件訂閱時產生的事件資料。

mergeMap 很適合用來顯示一些即時的訊息,例如聊天室功能,每當一個新的使用者加入聊天室,原始 Observable 物件訂閱就會有新的事件發生,再使用 mergeMap 轉換成這個使用者畫面呈現的最新訊息,如此一來不管哪個使用者輸入新的聊天訊息,都會即時的呈現全部的訊息!

不過也要注意的是,以我們在介紹 switchMap 時提到的「重新整理」的例子來說,第一次按下按鈕呼叫 API 時,若還沒有資料回傳,再按一次按鈕時,會同時有兩個 API 請求呼叫,此時因為網路不一定會照請求順序回傳的關係,有可能反而造成舊資料蓋掉新資料的問題,因為 API 呼叫順序是不可控制的。

用彈珠圖比較一下 mergeMap 和 switchMap 與 concatMap 的不同:

switchMap（如圖 3-85）：

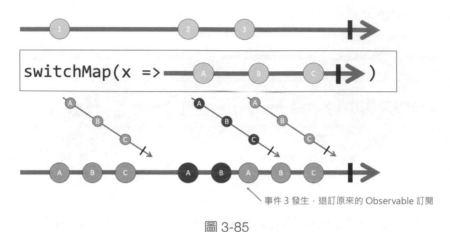

圖 3-85

concatMap（如圖 3-86）：

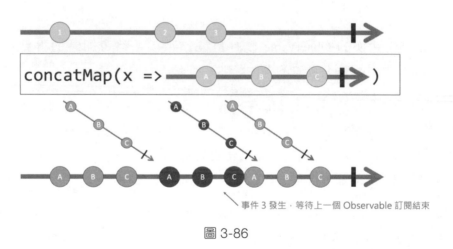

圖 3-86

mergeMap 範例程式碼：

https://stackblitz.com/edit/rxjs-book-2nd-operators-mergemap

圖 3-87

exhaustMap

exhaust 有「力竭」的意思，可以把它理解成：來源 Observable 物件訂閱有新事件發生時，如果上一次的訂閱還沒結束，它是沒有力氣產生新的 Observable 物件訂閱的；也就是說當來源事件發生時，如果上一次轉換的 Observable 物件訂閱尚未結束，就不會訂閱這次事件發生所產生的新的 Observable 物件，直接畫一張彈珠圖來看看（如圖 3-88）：

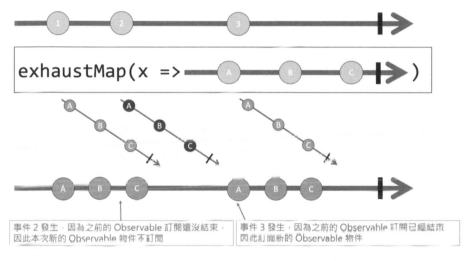

圖 3-88

當來源事件 2 發生時，由於上一次轉換後的 Observable 物件訂閱還沒結束，因此新產生的 Observable 物件不會被訂閱，直接忽略掉；當來源事件 3 發生時，由於之前的 Observable 訂閱已經結束了，因此會訂閱這次產生的 Observable 物件。

若以介紹 switchMap 時提到「重新整理」的功能來說，當按下按鈕時會去抓 API 資料，此時若是再按一次按鈕，使用 exhaustMap 的話，就可以在 API 資料回來（Observable 結束）前避免產生重複的 API 請求！

▶ 3-7 組合類型 Operators

組合類性的 operators 可以將來源 Observable 物件資料依照一些指定條件進行組合，很類似於「建立 / 組合」類型的 operators，差別在於「建立 / 組合」類型的 operators 主要還是用於建立**一個 Observable 物件當作來源**，而「組合」類型的 operators 主要在**將來源 Observable 物件的訂閱資訊進行額外組合**，因此「組合」類型的 operators 都會放在 pipe 裡面，將指定的來源進行轉換與組合。

switchAll

上一節我們介紹了 switchMap 可以將來源 Observable 的事件「資料」轉換成另一個 Observable 物件並進行訂閱，而 switchAll 的行為也非常類似，是將來源事件的「Observable 物件」轉換成另一個 Observble 物件並進行訂閱。

看起來有點抽象，我們直接來看範例程式：

```
1    import { timer, Subject, map, take, switchAll } from 'rxjs';
2
3    const generateStream = round =>
4      timer(0, 1000).pipe(
5        map(data => `資料流 ${round}: ${data + 1}`),
6        take(3)
7      );
8
9    const source$ = new Subject();
10
11   const stream$ = source$
12     .pipe(map(round => generateStream(round)));
13
14   stream$.pipe(switchAll())
15     .subscribe(result => console.log(result));
```

```
16
17    // 第一次事件
18    source$.next(1);
19
20    // 第二次事件
21    setTimeout(() => {
22      source$.next(2);
23    }, 4000);
24
25    // 第三次事件
26    setTimeout(() => {
27      source$.next(3);
28    }, 5000);
29
30    // 資料流 1: 1
31    // 資料流 1: 2
32    // 資料流 1: 3 (資料流 1 結束)
33    // 資料流 2: 1 (第二次事件開始，產生資料流 2)
34    // 資料流 3: 1 (資料流 2 未結束，第三次事件就開始了，產生資料流 3)
35    // 資料流 3: 2
36    // 資料流 3: 3
```

第 4~8 行：建立一個 generateStream 方法，將傳入的資料以一個 Observable 物件回傳，此物件預計為每秒發生一次，共發生三次的資料流，以彈珠圖來看的話為：1--2--(3|)。

第 10 行：建立一個 Subject 物件 source$，以便後續模擬不同時間發送事件資料的行為。

第 12~13 行： 使用 map operator， 將 source$ 每次的事件資料傳入 generateStream 方法，以產生另外一個 Observable 物件，最終會得到一個每次事件值都是 Observable 物件的 Observable 物件 stream$。

第 15~16 行：`stream$` 的每個事件值都是 Observable 物件，我們可以稱它們為「內部 Observable 物件」，此時我們使用 `switchAll` 來逐個訂閱這些「內部 Observable 物件」，並將事件資料傳遞給最終的訂閱結果；同時每當有新的「內部 Observable 物件」時，就會退訂閱上一次的「內部 Observable 物件」，並訂閱最新的「內部 Observable 物件」。

第 19 行：`source$` 發出第一次事件，此時 `stream$` 訂閱會有一筆「內部 Observable 物件」資料產生，並由 `switchAll` 訂閱它，產生資料流 1--2--(3|)。

第 22~24 行：在 4 秒後 `source$` 發出第二次事件，因此 `stream$` 訂閱會有第二筆「內部 Observable 物件」資料，預期會產生資料流 1--2--(3|)，但在第 5 秒時 `source$` 發出第三次事件（程式 27~29 行），此時上一筆「內部 Observable 物件」訂閱還沒結束，只運作到 1-- 的部分，但 `switchAll` 會將它退訂閱掉，重新以目前最新的「內部 Observable 物件」訂閱為主。

彈珠圖（如圖 3-89）：

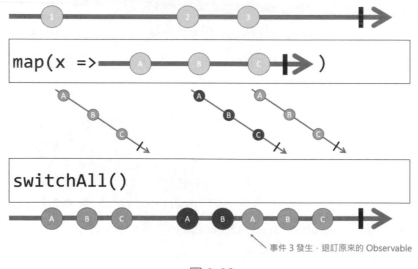

事件 3 發生，退訂原來的 Observable

圖 3-89

> ⏰ 小提示：
>
> 這種 Observable 物件的事件值也是 Observable 物件的情境，術語稱為
> Observable of Observable。

switchAll 和 switchMap 的差別在於：

switchMap 會將 callback function 呼叫回傳的 Observable 物件進行訂閱，因
此訂閱的資料來源是從 callback function 轉換過來訂閱的：

```
1    source$.pipe(switchMap(data => of(data)));
2                        // ^ 這個 callback function
3                        //   是 swtichMap 訂閱的資料來源
```

而 switchAll 沒有這個 callback function，它的來源是從前一個 Observable
物件訂閱直接過來的，因此前一個資料流的「資料」必須是個 Observable
物件：

```
1    source$.pipe(
2      map(data => of(data)), // 這裡將資料轉換成 Observable 物件
3      switchAll() // 訂閱上一個 operator 傳給我的 Observable 物件
4    );
```

實際上 switchMap 就是 map 加上 switchAll，因此若撰寫程式時明確知道
要將事件資料用 map 轉換成另一個 Observable 物件再搭配 switchAll 訂閱
時，可以簡化成直接使用 switchMap，而在來源資料不是使用 map 轉換成
Observable 物件的情境，就必須使用 switchAll。

switchMap 適合用在明確知道下一步要使用哪個 Observable 物件的情境，由
我們自行撰寫程式決定要轉換成什麼 Observable；而 switchAll 則適用在來
源 Observable 物件不明確的情境，以前面的範例程式來說，stream$ 可能是
別人寫好的程式碼，我們只需要知道它的「事件值是一個 Observable」（也
就是 Observable of Observable）需要訂閱，不需要知道背後的實作細節。

而 switchAll 和 switchMap 相同的地方在於，當收到新的 Observable 物件要訂閱時，都會退訂上一個 Observable 物件的訂閱，因此可以確保永遠都只有最後一個 Observable 物件訂閱正在執行！

switchAll 範例程式碼：

https://stackblitz.com/edit/rxjs-book-2nd-operators-switchall

圖 3-90

concatAll

如果可以理解 switchMap 和 switchAll 的差別，那麼也可以將同樣的想法套用在 concatMap 和 concatAll 上，它們都會等待前一個 Observable 訂閱完成，再開始繼續新的 Observable 物件訂閱，因此可以確保每個「內部Observable 物件」訂閱的資料流都執行完成：

```
1    import { timer, Subject, map, take, concatAll } from 'rxjs';
2
3    const generateStream = round =>
4      timer(0, 1000).pipe(
5        map(data => `資料流 ${round}: ${data + 1}`),
6        take(3)
7      );
8
9    const source$ = new Subject();
10
11   const stream$ = source$
12     .pipe(map(round => generateStream(round)));
13
14   stream$.pipe(concatAll())
15     .subscribe(result => console.log(result));
16
```

```
17    source$.next(1);
18
19    setTimeout(() => {
20      source$.next(2);
21    }, 4000);
22
23    setTimeout(() => {
24      source$.next(3);
25    }, 5000);
26
27    // 資料流 1: 1
28    // 資料流 1: 2
29    // 資料流 1: 3
30    // 資料流 2: 1
31    // 資料流 2: 2 (此時第三次事件已經發生了，但資料流 2 還沒結束，等待中)
32    // 資料流 2: 3
33    // 資料流 3: 1 (資料流 2 結束後，才讓資料流 3 開始)
34    // 資料流 3: 2
35    // 資料流 3: 3
```

彈珠圖（如圖 3-91）：

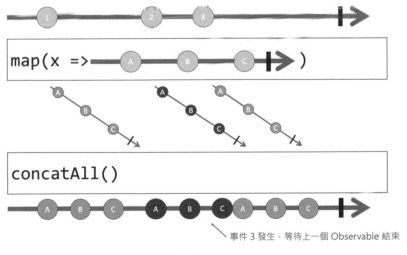

圖 3-91

concatAll 範例程式碼：

https://stackblitz.com/edit/rxjs-book-2nd-operators-concatall

圖 3-92

mergeAll

如同 `switchMap` 和 `switchAll` 的差別一樣，`mergeMap` 和 `mergeAll` 在得到新的內部「Observable 物件」後會直接進行訂閱，且不退訂之前的內部 Observable 物件，因此每個內部 Observable 物件訂閱會依照各自事件發生的時間直接的傳遞到最終訂閱的結果：

```
1   import { timer, Subject, map, take, mergeAll } from 'rxjs';
2
3   const generateStream = round =>
4     timer(0, 1000).pipe(
5       map(data => `資料流 ${round}: ${data + 1}`),
6       take(3)
7     );
8
9   const source$ = new Subject();
10
11  const stream$ = source$
12    .pipe(map(round => generateStream(round)));
13
14  stream$.pipe(mergeAll())
15    .subscribe(result => console.log(result));
16
17  source$.next(1);
18
19  setTimeout(() => {
20    source$.next(2);
```

```
21    }, 2000);
22
23    setTimeout(() => {
24      source$.next(3);
25    }, 3000);
26
27    // 資料流 1: 1
28    // 資料流 1: 2
29    // 資料流 2: 1 (第二次事件發生，產生資料流 2，原來資料流不退訂)
30    // 資料流 1: 3 (原來的資料流 1 在此結束)
31    // 資料流 3: 1 (第三次事件發生，產生資料流 3，原來的資料流不退訂)
32    // 資料流 2: 2
33    // 資料流 3: 2
34    // 資料流 2: 3
35    // 資料流 3: 3
```

彈珠圖（如圖 3-93）：

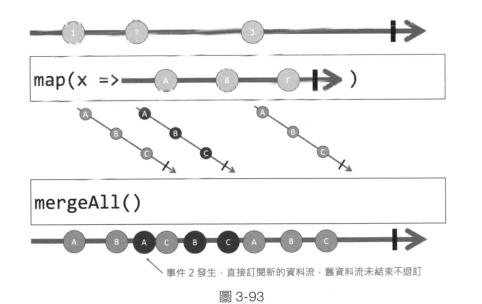

圖 3-93

mergeAll 範例程式碼：

https://stackblitz.com/edit/rxjs-book-2nd-operators-mergeall

圖 3-94

combineLatestAll

combineLatestAll 和 combineLateset 非常類似，都是把事件的資料組合在一起，差別在於資料來源不同：

- combineLatest 是用來建立一個 Observable 物件的，因此它本身就是傳入個個 Observable 物件，最終將每個 Observable 物件訂閱的最後一筆事件資料組合在一起。
- combineLatestAll 是將來源 Observable 物件訂閱時所產生的「內部 Observable 物件」全部訂閱，最終將事件資料組合在一起。

實際上 combineLatestAll 的運作原理就是收到所有「內部 Observable 物件」後，再使用 combineLatest 組合起來，因此 combineLatestAll 必須等到整個來源 Observable 物件的事件都產生，直到完成（complete()）後，才會開始處理所有內部的 Observable 物件。

combineLatest 需要明確指定要組合哪些 Observable，而 combineLatestAll 則適用在來源不明確的 Observable of Observable 的情境。

範例程式：

```
1    import { timer, Subject, map, take, combineLatestAll } from 'rxjs';
2
3    const generateStream = round =>
```

```
4      timer(0, 1000).pipe(
5        map(data => `資料流 ${round}: ${data + 1}`),
6        take(3)
7      );
8
9    const source$ = new Subject();
10
11   const stream$ = source$
12     .pipe(map(round => generateStream(round)));
13
14   stream$.pipe(combineLatestAll())
15     .subscribe(result => console.log(result));
16
17   source$.next(1);
18
19   setTimeout(() => {
20     source$.next(2);
21     // 結束資料流，不然 combineAll 會持續等待到結束
22     source$.complete();
23   }, 3000);
24
25   // (等候 3 秒，到 source$ 結束)
26   // ["資料流 1: 1", "資料流 2: 1"]
27   // ["資料流 1: 2", "資料流 2: 1"]
28   // ["資料流 1: 2", "資料流 2: 2"]
29   // ["資料流 1: 3", "資料流 2: 2"]
30   // ["資料流 1: 3", "資料流 2: 3"]
```

彈珠圖（如圖 3-95）：

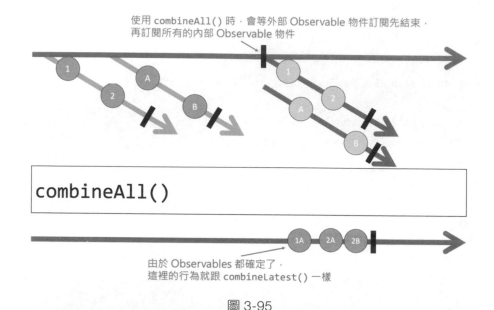

使用 combineAll() 時，會等外部 Observable 物件訂閱先結束，再訂閱所有的內部 Observable 物件

由於 Observables 都確定了，這裡的行為就跟 combineLatest() 一樣

圖 3-95

combineLatestAll 範例程式碼：

https://stackblitz.com/edit/rxjs-book-2nd-operators-combinelatestall

圖 3-96

startWith

startWith 會在 Observable 物件的資料流開頭加上一個起始值，也就是當訂閱時會立刻最先收到的一個值，例如之前提到 pairwise 時，會因為第一次事件值沒有「上一個事件值」被忽略，也可以使用 startWith 強制給予第一次事件值，而原來的第一次事件就變成了「第二次事件」，因此能跟上一次事件值組合在一起出現：

```
1    import { interval, take, map, startWith, pairwise } from 'rxjs';
2
3    interval(1000).pipe(
4      take(6),
5      map(data => data + 1),
6      startWith(0), // 給予初始事件值
7      pairwise() // 再搭配 pairwise 時，就能讓原始 Observable 的第一個事件有搭配資
     料可用
8    ).subscribe(result => {
9      console.log(result);
10   });
11   // [0, 1]
12   // [1, 2]
13   // [2, 3]
14   // [3, 4]
15   // [4, 5]
16   // [5, 6]
17
```

彈珠圖（如圖 3-97）：

```
--1---2---3---4---5---6|

startWith(0)

0--1---2---3---4---5---6|
```

圖 3-97

startWith 範例程式碼：

https://stackblitz.com/edit/rxjs-book-2nd-operators-startwith

圖 3-98

▶ 3-8 過濾類型 Operators

過濾類型的 operators 目標在依照指定的條件，讓篩選掉來源 Observable 物件訂閱的結果，也就是實際訂閱時，某些事件資料可能會因為搭配了過濾類型的 opeerators，讓訂閱收到的資料不會完全等於來源 Observable 物件的所有事件資料。用來保留想要的事件資料，同時移除不要的事件資料。

filter

filter 是過濾類型 operators 中最常用，也是最基本的。它跟在 JavaScript 中陣列的其中一個 API filter 同名，都是依據指定條件，篩選來源的資料，只要在 filter 內傳入一個 callback function，並回傳布林值即可；true 代表要保留這次事件資料，false 代表不要保留這次事件資料。

範例程式：

```
1   import { timer, take, filter } from 'rxjs';
2
3   const source$ = timer(0, 1000).pipe(take(10));
4
5   source$.pipe(
6     filter(data => data > 3)
7   )
8   .subscribe(data => {
9     console.log(`filter 範例 (1): ${data}`);
10  });
11  // filter 範例 (1): 4
12  // filter 範例 (1): 5
13  // filter 範例 (1): 6
14  // filter 範例 (1): 7
15  // filter 範例 (1): 8
16  // filter 範例 (1): 9
```

從程式中很容易看得出來我們的 filter 條件是事件資料需要大於 3，因此只會印出資料大於 3 的內容。

彈珠圖（如圖 3-99）：

```
0---1---2---3---4---5---6---7---8---9|

filter(data => data > 3)

----------------4---5---6---7---8---9|
```

圖 3-99

filter 的 callback function 參數除了事件值本身以外，還有這個事件是第幾次發生的（index），範例程式：

```
1    import { timer, take, filter } from 'rxjs';
2
3    const source$ = timer(0, 1000).pipe(take(10));
4
5    source$.pipe(
6      filter((data, index) => data > 3 && index % 2 === 0)
7    )
8    .subscribe(data => {
9      console.log(`filter 範例 (2): ${data}`);
10   });
11   // filter 範例 (2): 4
12   // filter 範例 (2): 6
13   // filter 範例 (2): 8
```

應該不難理解，直接來看彈珠圖（如圖 3-100）：

```
0---1---2---3---4---5---6---7---8---9|

filter((data, index) => data > 3 && index % 2 === 0)

----------------4-------6-------8----|
                ^ 從這裡開始符合 data > 3 的條件
                ^ 之後顯示 index 為偶數的事件資料
```

圖 3-100

filter 範例程式碼：

https://stackblitz.com/edit/rxjs-book-2nd-operators-filter

圖 3-101

first

first 顧名思義，就是取得第一筆事件資料，因此當 Observable 物件被訂閱後，資料流的第一次事件發生時，會從訂閱結果得到這個事件資料，然後結束。

範例程式：

```
1    import { timer, take, first } from 'rxjs';
2
3    const source$ = timer(0, 1000).pipe(take(10));
4
5    source$.pipe(
6      first()
7    )
8    .subscribe({
```

```
9     next: data => {
10      console.log(`first 範例 (1): ${data}`);
11    },
12    complete: () => {
13      console.log('first 範例 (1)：結束')
14    }
15  });
16
17  // first 範例 (1): 0
18  // first 範例 (1)：結束
```

彈珠圖（如圖 3-102）：

```
0---1---2---3---4---5---6---7---8---9|

first()

0|
```

圖 3-102

除此之外，`first` 內也可以傳入一個 callback function，一樣是設定過濾條件，參數跟 `filter` 一樣，當有這個條件時，就會變成判斷「第一次符合條件」的事件資料值：

```
1   import { timer, take, first } from 'rxjs';
2
3   const source$ = timer(0, 1000).pipe(take(10));
4
5   source$.pipe(
6     first(data => data > 3)
7   )
8   .subscribe({
9     next: data => {
10      console.log(`first 範例 (2): ${data}`);
```

```
11        },
12        complete: () => {
13          console.log('first 範例 (2)：結束')
14        }
15      });
16
17      // first 範例 (2): 4
18      // first 範例 (2)：結束
```

彈珠圖（如圖 3-103）：

```
0---1---2---3---4---5---6---7---8---9|

first(data => data > 3)

----------------4|
```

圖 3-103

first 範例程式碼：

https://stackblitz.com/edit/rxjs-book-2nd-operators-first

圖 3-104

last

last 跟 first 相反，last 是取整個來源 Observable 物件訂閱資料流「最後一次發生的事件」，資料流一定要有「結束」（complete()）發生，因為結束後才知道最後一次事件為何。

範例程式：

```
1    import { timer, take, last } from 'rxjs';
2
3    const source$ = timer(0, 1000).pipe(take(10));
4
5    source$.pipe(
6      last()
7    )
8    .subscribe({
9      next: data => {
10       console.log(`last 範例 (1): ${data}`);
11     },
12     complete: () => {
13       console.log('last 範例 (1)：結束')
14     }
15   });
16
17   // last 範例 (1): 9
18   // last 範例 (1)：結束
```

彈珠圖（如圖 3-105）：

```
0---1---2---3---4---5---6---7---8---9|

last()

--------------------------------9|
```

圖 3-105

last 也可以傳入一個 callback function，來找出「符合條件的最後一次事件」值，不過要記得，會等到 Observable 物件訂閱結束才會發生。

範例程式：

```
1    import { timer, take, last } from 'rxjs';
2
3    const source$ = timer(0, 1000).pipe(take(10));
4
5    source$.pipe(
6      last(data => data < 5)
7    )
8    .subscribe({
9      next: data => {
10       console.log(`last 範例 (2): ${data}`);
11     },
12     complete: () => {
13       console.log('last 範例 (2)：結束')
14     }
15   });
16
17   // last 範例 (2): 4
18   // last 範例 (2))：結束
```

彈珠圖（如圖 3-106）：

```
0---1---2---3---4---5---6---7---8---9|

last(data => data < 5)

------------------------------------4|
                  ^ 符合條件的最後一次事件值
```

圖 3-106

last 範例程式碼：

https://stackblitz.com/edit/rxjs-book-2nd-operators-last

圖 3-107

single

single 比較特殊，它可以幫助我們「限制」整個 Observable 物件訂閱所產生的資料流在結束之前只會有一次事件發生，當發生第二次事件時，就會發生錯誤。

範例程式：

```
1   import { timer, take, single } from 'rxjs';
2
3   timer(0, 1000).pipe(
4     take(10),
5     single()
6   )
7   .subscribe({
8     next: data => {
9       console.log(`single 範例 (1): ${data}`);
10    },
11    error: (err) => {
12      console.log(`single 發生錯誤範例 (1):`);
13      console.log(err.message);
14    },
15    complete: () => {
16      console.log('single 範例 (1): 結束');
17    }
18  });
19
```

```
20    // single 發生錯誤範例 (1):
21    // Too many matching values
```

彈珠圖（如圖 3-108）：

```
0---1---2---3---4---5---6---7---8---9|

single()

----#
    ^ 不是只發生一次事件，所以發生錯誤
```

圖 3-108

如果整個資料流只有一次事件發生，就不會發生錯誤。

範例程式：

```
1     import { timer, take, single } from 'rxjs';
2
3     timer(3000, 1000).pipe(
4       take(1), // 確保只有一次事件
5       single()
6     )
7     .subscribe({
8       next: data => {
9         console.log(`single 範例 (2): ${data}`);
10      },
11      error: (err) => {
12        console.log(`single 發生錯誤範例 (2)):`);
13        console.log(err.message);
14      },
15      complete: () => {
16        console.log('single 範例 (2): 結束');
17      }
18    });
```

```
19
20   // single 範例 (2): 0
21   // single 範例 (2): 結束
```

在整個訂閱結束後，才能夠確定是否只有一次事件發生。

彈珠圖（如圖 3-109）：

```
0|

single()

0|
```

圖 3-109

如果整個資料流沒有任何事件發生就結束呢？也算是不符合「發生一次事件」的條件，因此一樣會發生錯誤。

範例程式：

```
1    import { EMPTY, single } from 'rxjs';
2
3    EMPTY.pipe(
4      single()
5    )
6    .subscribe({
7      next: data => {
8        console.log(`single 範例 (3): ${data}`);
9      },
10     error: (err) => {
11       console.log(`single 發生錯誤範例 (3):`);
12       console.log(err.message);
13     },
14     complete: () => {
```

```
15      console.log('single 範例 (3): 結束');
16    }
17  });
18
19  // single 發生錯誤範例 (3):
20  // no elements in sequence
```

彈珠圖（如圖 3-110）：

```
|

single()

#
```

圖 3-110

single 也可以和 filter 一樣可以傳入 callback function，此時條件會變成
「第一次事件發生時是否符合條件，若符合則以此事件為主並結束；若不符
合則發生錯誤」。

先來看一下指定條件且不會發生錯誤的範例程式：

```
1   import { timer, take, single } from 'rxjs';
2
3   timer(1000).pipe(
4     take(5),
5     single(data => data === 0)
6   ).subscribe({
7     next: data => {
8       console.log(`single 範例 (4): ${data}`);
9     },
10    error: (err) => {
11      console.log(`single 發生錯誤範例 (4):`);
12      console.log(err.message);
```

```
13     },
14     complete: () => {
15       console.log('single 範例 (4): 結束');
16     }
17   });
18
19   // single 範例 (4): 0
20   // single 範例 (4): 結束
```

由於事件資料 0 是第一次發生，因此訂閱會在此時收到資料，同時結束資料流。

再來看看指定條件會發生錯誤的範例程式：

```
1    import { timer, take, single } from 'rxjs';
2
3    timer(1000).pipe(
4      take(5),
5      single(data => data === 1)
6    ).subscribe({
7      next: data => {
8        console.log(`single 範例 (5): ${data}`);
9      },
10     error: (err) => {
11       console.log(`single 發生錯誤範例 (5):`);
12       console.log(err.message);
13     },
14     complete: () => {
15       console.log('single 範例 (5): 結束');
16     }
17   });
18
19   // single 發生錯誤範例 (5):
20   // No matching values
```

第一次發生的事件不符合 single 設定的條件，因此發生錯誤。

single 範例程式碼：

https://stackblitz.com/edit/rxjs-book-2nd-operators-single

圖 3-111

take

take 代表要從來源 Observable 物件訂閱中觸發指定次數的事件值；當訂閱開始後，如果發生過的事件次數已經達到我們設定的數量後，就會結束。

範例程式：

```
1    import { timer, take } from 'rxjs';
2
3    timer(0, 1000).pipe(
4      take(6)
5    ).subscribe({
6      next: data => console.log(`take 示範: ${data}`),
7      complete: () => console.log('take 示範: 結束'),
8    });
9
10   // take 示範: 0
11   // take 示範: 1
12   // take 示範: 2
13   // take 示範: 3
14   // take 示範: 4
15   // take 示範: 5
16   // take 示範: 結束
```

彈珠圖（如圖 3-112）：

```
0---1---2---3---4---5---6---7---8---...

take(6)

0---1---2---3---4---(5|)
```

圖 3-112

take 範例程式碼：

https://stackblitz.com/edit/rxjs-book-2nd-operators-take

圖 3-113

takeLast

takeLast 會觸發 Observable 物件訂閱最後幾次的事件值，因此 takeLast 會
等到 Observable 物件訂閱結束後，才會得到最後指定次數的事件資料。

範例程式：

```
1   import { timer, take, takeLast } from 'rxjs';
2
3   timer(0, 1000).pipe(
4     take(10),
5     takeLast(3)
6   ).subscribe(
7     data => console.log(`takeLast 示範: ${data}`)
8   );
9
10  // takeLast 示範: 7
11  // takeLast 示範: 8
12  // takeLast 示範: 9
```

彈珠圖（如圖 3-114）：

```
0---1---2---3---4---5---6---7---8---9|

takeLast(3)

---------------------------7---8---9|
```

圖 3-114

takeLast 範例程式碼：

https://stackblitz.com/edit/rxjs-book-2nd-operators-takelast

圖 3-115

takeUntil

takeUntil 會持續觸發來源 Observable 物件訂閱的事件值，直到（until）指定的另外一個 Observable 物件發生新事件時，才會結束。

範例程式：

```
1    import { fromEvent, interval, map, takeUntil } from 'rxjs';
2
3    const click$ = fromEvent(
4      document.querySelector('#btnStop'),
5      'click');
6    const source$ = interval(1000).pipe(map(data => data + 1))
7
8    source$.pipe(
9      takeUntil(click$)
10   ).subscribe({
```

```
11      next: data => console.log(`takeUntil 示範: ${data}`),
12      complete: () => console.log('takeUntil 示範: 結束')
13    });
14
15    // takeUntil 示範: 1
16    // takeUntil 示範: 2
17    // takeUntil 示範: 3
18    // takeUntil 示範: 4
19    // takeUntil 示範: 5
20    // (click$ 發出新事件)
21    // takeUntil 示範: 結束
```

彈珠圖（如圖 3-116）：

```
          ---1---2---3---4---5---6-...

 takeUntil(-----------------c---...)

          ---1--2---3---4---5-|
```

圖 3-116

source$ 訂閱後在 click$ 事件發生前，會持續觸發事件，直到 click$ 發生事件了，就結束整個訂閱。

takeLast 範例程式碼：
https://stackblitz.com/edit/rxjs-book-2nd-operators-takeuntil

圖 3-117

takeWhile

takeWhile 可以讓我們自行撰寫訂閱結束的條件，它需要傳入一個 callback function，這個 callback function 會決定 takeWhile 發生事件的時機，只要事件值持續符合 callback function 內的條件，就會持續產生事件，直到不符合條件後結束。

範例程式：

```
1   import { interval, map, takeWhile } from 'rxjs';
2
3   const source$ = interval(1000).pipe(map(data => data + 1))
4
5   source$.pipe(
6     takeWhile(data => data < 5)
7   ).subscribe({
8     next: data => console.log(`takeWhile 示範 (1): ${data}`),
9     complete: () => console.log('takeWhile 示範 (1): 結束')
10  });
11
12  // takeWhile 示範 (1): 1
13  // takeWhile 示範 (1): 2
14  // takeWhile 示範 (1): 3
15  // takeWhile 示範 (1): 4
16  // takeWhile 示範 (1): 結束
```

彈珠圖（如圖 3-118）：

```
---1---2---3---4---5---6---7...

takeWhile(data => data < 5)

---1---2---3---4---|
                  ^ 不符合條件了，結束
```

圖 3-118

takeWhile 的 callback function 可以傳入事件值（value）及索引值（index）；除了此之外，還有一個 inclusive 參數，代表是否要包含判斷不符合條件的那個值作為訂閱的事件值，預設為 false，當設為 true 時，發生結束條件的那次事件值也會被包含在要發生的事件內。

範例程式：

```
1    import { interval, map, takeWhile } from 'rxjs';
2
3    const source$ = interval(1000).pipe(map(data => data + 1))
4
5    source$.pipe(
6      takeWhile(data => data < 5, true)
7    ).subscribe({
8      next: data => console.log(`takeWhile 示範 (2): ${data}`),
9      complete: () => console.log('takeWhile 示範 (2): 結束')
10   });
11
12   // takeWhile 示範 (2): 1
13   // takeWhile 示範 (2): 2
14   // takeWhile 示範 (2): 3
15   // takeWhile 示範 (2): 4
16   // takeWhile 示範 (2): 5
17   // takeWhile 示範 (2): 結束
```

彈珠圖（如圖 3-119）：

```
---1---2---3---4---5---6---7....

takeWhile(data => data < 5)

---1---2---3---4---(5|)
                  ^ 不符合條件了，包含此結果後結束
```

圖 3-119

takeWhile 範例程式碼：

https://stackblitz.com/edit/rxjs-book-2nd-operators-

takewhile

圖 3-120

skip

skip 可以傳入一個數字，當 Observable 物件訂閱開始時，會「忽略」前面指定次數的事件值，到第指定次數加一的事件值開始才會傳到訂閱結果去。

範例程式：

```
1    import { interval, skip } from 'rxjs';
2
3    interval(1000).pipe(
4      skip(3)
5    ).subscribe(data => {
6      console.log(`skip 示範：${data}`)
7    });
8
9    // (訂閱後的 0, 1, 2 會被忽略)
10   // skip 示範：3
11   // skip 示範：4
12   // skip 示範：5
13   // ...
```

彈珠圖（如圖 3-121）：

```
---0---1---2---3---4---5....

skip(3)

--------------3---4---5....
              ^ 忽略前三次事件值
```

圖 3-121

skip 範例程式碼：

https://stackblitz.com/edit/rxjs-book-2nd-operators-skip

圖 3-122

skipLast

skipLast 會忽略整個 Observable 物件訂閱最後指定次數的事件值。

範例程式：

```
1   import { timer, take, skipLast } from 'rxjs';
2
3   timer(0, 1000).pipe(
4     take(10),
5     skipLast(3)
6   ).subscribe({
7     next: data => console.log(`skipLast 示範: ${data}`),
8     complete: () => console.log('skipLast 示範: 結束')
9   });
10
11  // skipLast 示範: 0
12  // skipLast 示範: 1
13  // skipLast 示範: 2
14  // skipLast 示範: 3
15  // skipLast 示範: 4
16  // skipLast 示範: 5
17  // skipLast 示範: 6
18  // skipLast 示範: 結束
```

skipLast 不用等到整個 Observable 物件訂閱結束才能得到最後指定次數的
事件，實際上只需要將指定的次數暫存起來，直到指定次數的下一次再開
始將暫存的資料逐個釋出，最後在來源 Observable 物件訂閱事件結束時也
結束目前的資料流，所有實際得到的事件值即為最後指定次數的事件資料。

彈珠圖（如圖 3-123）：

```
0---1---2---3---4---5---6---7---8---9|

skipLast(3)

-----------0---1---2---3---4---5---6|
```

圖 3-123

可以看到剛開始來源 Observable 物件訂閱開始的時候，不會實際上收到訂
閱事件資料，而是在指定次數後，才逐個開始收到來源 Observable 物件訂
閱一開始發生的事件值，當 Observable 物件訂閱結束時，整個流程也直接
結束，所以最後指定次數的事件值就不會被訂閱收到。

skipLast 範例程式碼：

https://stackblitz.com/edit/rxjs-book-2nd-operators-skiplast

圖 3-124

skipUntil

skipUntil 會持續忽略來源 Observable 物件訂閱的事件值，直到指定的另外
一個 Observable 物件訂閱發出新的事件時，才開始資料流。

範例程式：

```
1    import { fromEvent, interval, map, skipUntil } from 'rxjs';
2
3    const click$ = fromEvent(
4      document.querySelector('#btnStart'),
5      'click');
6    const source$ = interval(1000).pipe(map(data => data + 1))
7
8    source$.pipe(
9      skipUntil(click$)
10   ).subscribe({
11     next: data => console.log(`skipUntil 示範: ${data}`),
12     complete: () => console.log('skipUntil 示範: 結束')
13   });
14
15   // (按下按鈕後才開始顯示最新的事件資料)
16   // skipUntil 示範: 2
17   // skipUntil 示範: 3
18   // skipUntil 示範: 4
19   // ...
```

彈珠圖（如圖 3-125）：

```
source$:  ---0---1---2---3---4---5...
click$:   ---------c---....

source$.pipe(skipUntil(click$))

          -----------2---3---4---5...
                     ^ 開始顯示資料
```

圖 3-125

skipUntil 範例程式碼：

https://stackblitz.com/edit/rxjs-book-2nd-operators-skipuntil

圖 3-126

skipWhile

skipWhile 需要傳入一個 callback function，在這個 callback function 內必須
決定是否要繼續忽略目前的事件值，只要符合條件，會持續忽略事件值，
直到條件不符合為止。

範例程式：

```
1    import { interval, skipWhile } from 'rxjs';
2
3    interval(1000).pipe(
4      skipWhile(data => data < 2)
5    )
6    .subscribe(data => console.log(`skipWhile 示範: ${data}`));
7
8    // skipWhile 示範: 2
9    // skipWhile 示範: 3
10   // skipWhile 示範: 4
11   // skipWhile 示範: 5
12   // ...
```

彈珠圖（如圖 3-127）：

```
---0---1---2---3---4---5....

skipWhile(data => data < 2)

-----------2---3---4---5
            ^ 不符合 data < 2 的條件
```

圖 3-127

skipWhile 範例程式碼：

https://stackblitz.com/edit/rxjs-book-2nd-operators-skipwhile

圖 3-128

distInct

distinct 會將 Observable 物件訂閱到重複的事件值過濾掉，確保整個 Observable 物件訂閱收到的資料不會重複。

基本用法很簡單：

```
1    import { from, distinct } from 'rxjs';
2
3    from([1, 2, 3, 3, 2, 1, 4, 5])
4      .pipe(distinct())
5      .subscribe(data => {
6        console.log(`distinct 示範 (1): ${data}`);
7      });
8    // distinct 示範 (1): 1
9    // distinct 示範 (1): 2
```

```
10    // distinct 示範 (1): 3
11    // distinct 示範 (1): 4
12    // distinct 示範 (1): 5
```

從結果就可以看到，重複的事件值是不會再次發生的，例如 1、2、3 事件發生後，接著發生的 3、2 和 1 的事件值因為前面發生過了一樣的值了，因此被過濾掉不發生！接著是前面沒有發生過的事件值 4 和 5。

彈珠圖（如圖 3-129）：

```
(1    2    3    3    2    1    4    5)

distinct()

(1    2    3                   4    5)
            ^ 因為資料重複，不發生事件
```

圖 3-129

如果今天是傳入的是物件呢？我們都知道在 JavaScript 中兩個物件直接用 == 或是 === 比較是不會相同的，例如以下程式碼會印出 false：

```
1    const a = { id:1, score: 100 };
2    const b = { id:1, score: 100 };
3
4    console.log(a == b);
5    // false
6
7    console.log(a === b);
8    // false
```

也因此當使用 distinct operator 時，若傳入的都是物件，判斷上會有兩個不同物件比較起來一定會不一樣的問題，這時候可以在 distinct 內加入一個 keySellector 的 callback function，每次事件的資料會傳入此 callback function 內，我們可以自己撰寫程式判斷要如何將這個物件轉換成一個可以被 === 比較的 key 值；distinct 會透過這個 callback function 回傳的 key 值來決定事件資料是否重複：

```
1   import { from, distinct } from 'rxjs';
2
3   const students = [
4     { id: 1, score: 70 },
5     { id: 2, score: 80 },
6     { id: 3, score: 90 },
7     { id: 1, score: 100 },
8     { id: 2, score: 100 }
9   ];
10
11  from(students)
12    .pipe(
13      // 使用物件的 id 屬性當作 key 值
14      distinct(student => student.id)
15    )
16    .subscribe(student => {
17      var result = `${student.id} - ${student.score}`;
18      console.log(`distinct 示範 (2): ${result}`);
19    });
20
21  // distinct 示範 (2): 1 - 70
22  // distinct 示範 (2): 2 - 80
23  // distinct 示範 (2): 3 - 90
```

這段範例程式中，我們在 distinct operator 內加入一個 callback function，並回傳每個事件物件的 id 屬性，將這個屬性值作為資料是否重複的判斷，因此第四次事件的 id 在之前事件有發生過了，所以不會此事件不會傳遞到訂閱結果內。

distinct 內部會記錄所有發生過的事件值，我們也可以透過再多傳入一個 Observable 物件的方式（參數名稱為 flushes）來幫助我們判斷何時要清空紀錄事件值的內容，distinct 會訂閱這個 Observable 物件，每當這個 Observable 物件訂閱有新事件發生時，就會清空來源 Observable 物件訂閱時用來記錄資料重複的資訊：

```
1    import { from, distinct } from 'rxjs';
2
3    const source$ = new Subject();
4    const sourceFlushes$ = new Subject();
5
6    source$
7      .pipe(
8        distinct(
9          // 使用物件的 id 屬性當作 key 值
10         student => student.id,
11         // 用來清空判斷重複資訊的 Observable 物件
12         sourceFlushes$
13       )
14     )
15     .subscribe(student => {
16       var result = `${student.id} - ${student.score}`;
17       console.log(`distinct 示範 (3): ${result}`);
18     });
19
20   setTimeout(() => source$.next({ id: 1, score: 70 }), 1000);
21   setTimeout(() => source$.next({ id: 2, score: 80 }), 2000);
22   setTimeout(() => source$.next({ id: 3, score: 90 }), 3000);
23   setTimeout(() => source$.next({ id: 1, score: 100 }), 4000);
24   // 在這裡清掉 distinct 內記錄資料重複的物件
25   setTimeout(() => sourceFlushes$.next(), 4500);
26   setTimeout(() => source$.next({ id: 2, score: 100 }), 5000);
27
28   // distinct 示範 (3): 1 - 70
```

```
29    // distinct 示範 (3): 2 - 80
30    // distinct 示範 (3): 3 - 90
31    // (第四秒發生 {id: 1, score: 100}，因為重複，所以事件不發生)
32    // (清空紀錄資料重複物件)
33    // distinct 示範 (3): 2 - 100
34    // (id: 2 有發生過，但紀錄已被清空，因此事件會發生)
```

彈珠圖（如圖 3-130）：

```
source$:     ---1---2---3---1---2--...
flushes$:    ----------------x----...

source$.pipe(distinct(data => data), flushes$)

             ---1---2---3-------2--...
                        ^ 有事件資料重複
                   ^ 從這裡清空紀錄，重新判斷 distinct
```

圖 3-130

distinct 範例程式碼：

https://stackblitz.com/edit/rxjs-book-2nd-operators-distinct

圖 3-131

distinctUntilChanged

distinctUntilChanged 會持續過濾掉重複的事件值，直到事件資料變更為止。

也就是說，只要目前訂閱收到事件資料值跟上一次事件資料值一樣，這次就事件就不會發生，若目前事件資料值跟上一次事件資料值不同時，這次事件就會發生。

範例程式：

```
1    import { from, distinctUntilChanged } from 'rxjs';
2
3    from([1, 1, 2, 3, 3, 1])
4      .pipe(
5        distinctUntilChanged()
6      ).subscribe(data => {
7        console.log(`distinctUntilChanged 示範 (1): ${data}`)
8      });
9
10   // distinctUntilChanged 示範 (1): 1
11   // distinctUntilChanged 示範 (1): 2
12   // distinctUntilChanged 示範 (1): 3
13   // distinctUntilChanged 示範 (1): 1
```

第二次事件，和前一次事件一樣資料都是 1，因此該次事件不發生；第三次事件和第二次事件不同，因此第三次事件會發生。

彈珠圖（如圖 3-132）：

```
(1   1     2   3   3   1)

distinctUntilChanged( )

(1         2   3         1)
     ^ 事件值跟上次一樣，不顯示
          ^ 事件值跟上次不一樣，顯示
```

圖 3-132

如果傳入的是物件，該怎麼比較呢？ distinctUntilChanged 內可以傳入一個 comparator callback function，這個 callback function 會傳入「目前」和「上次」的事件值，讓我們可以自行撰寫程式判斷資料是否有被變更。

範例程式：

```
1    import { from, distinctUntilChanged } from 'rxjs';
2
3    const students = [
4      { id: 1, score: 70 },
5      { id: 1, score: 80 },
6      { id: 2, score: 90 },
7      { id: 3, score: 100 }
8    ];
9
10   from(students).pipe(
11     distinctUntilChanged(
12       // 用來判斷這次物件與上次物件是否相同
13       (previous, current) => previous.id === current.id
14     )
15   )
16   .subscribe(student => {
17     var result = `${student.id} - ${student.score}`;
18     console.log(`distinctUntilChanged 示範 (2): ${result}`);
19   });
20
21   // distinctUntilChanged 示範 (2): 1 - 70
22   // distinctUntilChanged 示範 (2): 2 - 90
23   // distinctUntilChanged 示範 (2): 3 - 100
```

除此之外，distinctUntilChanged 還有第二個參數是 keySelector callback function，這個 callback function 可以用來自行撰寫邏輯判斷物件的 key 值，此時 comparator callback function 收到的也會是回傳的 key 值，而非物件本身。

範例程式：

```
1    import { from, distinctUntilChanged } from 'rxjs';
2
3    const students = [
4      { id: 1, score: 70 },
5      { id: 1, score: 80 },
6      { id: 2, score: 90 },
7      { id: 3, score: 100 }
8    ];
9
10   from(students).pipe(
11     distinctUntilChanged(
12       // comparator function
13       (previous, current) => previous === current,
14       // keySelector function
15       student => student.id
16     )
17   )
18   .subscribe(student => {
19     var result = `${student.id} - ${student.score}`;
20     console.log(`distinctUntilChanged 示範 (3): ${result}`);
21   });
22   // distinctUntilChanged 示範 (3): 1 - 70
23   // distinctUntilChanged 示範 (3): 2 - 90
24   // distinctUntilChanged 示範 (3): 3 - 100
```

執行結果會完全一樣，但好處是我們把「決定資料是否重複用的 key 值」和「key 值比較邏輯」拆成兩個 function 了，整體閱讀上會更加容易。

distinctUntilChanged 範例程式碼：

https://stackblitz.com/edit/rxjs-book-2nd-operators-

distinctuntilchanged

圖 3-133

distinctUntilKeyChanged

distinctUntilKeyChanged 跟 distinctUntilChanged 基本上非常相似，但特別適合用在物件的某一個屬性就是比較用的關鍵值（key）的狀況，以 distinctUntilChanged 來說，我們需要傳入比較的邏輯（comparator function），和決定物件 key 值的邏輯（keySelector function），但實際上就是比較 id 一個屬性的情況，我們就可以用 distinctUntilKeyChanged 來簡化寫法。

distinctUntilKeyChanged 的第一個參數就是事件物件的關鍵 key 值，distinctUntilKeyChanged 就會幫我們用物件的內名稱與 key 值相同的屬性，來判斷資料是否重複發生。

範例程式：

```
1    import { from, distinctUntilKeyChanged } from 'rxjs';
2
3    const students = [
4      { id: 1, score: 70 },
5      { id: 1, score: 80 },
6      { id: 2, score: 90 },
7      { id: 3, score: 100 }
8    ];
9
10   from(students)
11     .pipe(
```

```
12        distinctUntilKeyChanged('id')
13      )
14      .subscribe(student => {
15        var result = `${student.id} - ${student.score}`;
16        console.log(`distinctUntilKeyChanged 示範 (1): ${result}`);
17      });
18
19  // distinctUntilKeyChanged 示範 (1): 1 - 70
20  // distinctUntilKeyChanged 示範 (1): 2 - 90
21  // distinctUntilKeyChanged 示範 (1): 3 - 100
```

除此之外，distinctUntilKeyChanged 依然可以再傳入一個 compare callback function，來決定資料是否重複。

範例程式：

```
1   import { from, distinctUntilKeyChanged } from 'rxjs';
2
3   const students = [
4     { id: 1, score: 70 },
5     { id: 1, score: 80 },
6     { id: 2, score: 90 },
7     { id: 3, score: 100 }
8   ];
9
10  from(students)
11    .pipe(
12      distinctUntilKeyChanged(
13        'id',
14        (previous, current) => previous === current
15      )
16    )
17    .subscribe(student => {
18      console.log(
19        `distinctUntilKeyChanged 示範 (2): ${student.id} - ${student.score}`
```

```
20        );
21    });
22
23  // distinctUntilKeyChanged 示範 (2): 1 - 70
24  // distinctUntilKeyChanged 示範 (2): 2 - 90
25  // distinctUntilKeyChanged 示範 (2): 3 - 100
26
```

distinctUntilKeyChanged 範例程式碼：

https://stackblitz.com/edit/rxjs-book-2nd-operators-

distinctuntilkeychanged

圖 3-134

sampleTime

sampleTime 有「定期取樣」的意思，可以指定一個週期時間，當 Observable 物件被訂閱時，就會依據指定的週期時間，每經過這段時間就從來源 Observable 物件訂閱後的事件內取得這段時間最近一次的事件資料，作為實際傳入訂閱結果的事件值。

範例程式：

```
1   import { Subject, sampleTime } from 'rxjs';
2
3   const source$ = new Subject();
4   source$
5     .pipe(
6       sampleTime(1500)
7     ).subscribe({
8       next: data => {
9         console.log(`sampleTime 示範: ${data}`);
10      },
```

```
11        complete: () => {
12          console.log('sampleTime 示範: 結束');
13        }
14      });
15
16    setTimeout(() => source$.next(1), 0);
17    setTimeout(() => source$.next(2), 500);
18    setTimeout(() => source$.next(3), 1000);
19    setTimeout(() => source$.next(4), 4000);
20    setTimeout(() => source$.next(5), 5000);
21    setTimeout(() => source$.complete(), 5500);
22
23    // sampleTime 示範: 3
24    // sampleTime 示範: 4
25    // sampleTime 示範: 結束
```

彈珠圖（如圖 3-135）：

```
 1--2--3--------------4-----5--|

sampleTime(1500)

---------3--------------4-----|
         ^ 1500 毫秒取第一次
            ^ 3000 毫秒取第二次（但沒新資料）
                ^4500 毫秒取第三次
```

圖 3-135

整體運作順序為：

1. source$ 開始訂閱，sampleTime(1500) 會依照每 1500 毫秒的循環去找出來源 Observable 最近一次事件值。

2. 1500 毫秒後，在 0~1500 毫秒內的最後一次事件資料為 3，發生訂閱結果上。

3. 3000 毫秒後，在 1501~3000 毫秒內沒有發生任何事件，因此訂閱結果也沒有任何新事件。

4. 4500 毫秒後，在 3001~4500 毫秒內最後一次事件資料為 4，發生在訂閱結果上。

5. 因為在 5500 毫秒時 source$ 已經結束，因此不會有第 6000 毫秒的時間點。

`sampleTime` 範例程式碼：

https://stackblitz.com/edit/rxjs-book-2nd-operators-sampletime

圖 3-136

sample

`sample` 是單純「取樣」的意思，我們需要傳入一個 `notifer` 的 Observable 物件，`sample` 會訂閱此 Observable 物件，每當 `notifier` 訂閱有新事件發生時，`sample` 就會在來源 Observable 的資料流上取一筆最近發生過的事件值，因此透過 `sample` 我們可以自行決定取樣的時機點。

範例程式：

```
1   import { Subject, interval, sample } from 'rxjs';
2
3   const notifier$ = new Subject<void>();
4   const source$ = interval(1000);
5   source$
6     .pipe(
7       sample(notifier$)
8     ).subscribe(data => {
9       console.log(`sample 示範: ${data}`);
10    });
```

```
11
12    setTimeout(() => notifier$.next(), 1500);
13    // sample 示範: 0
14
15    setTimeout(() => notifier$.next(), 1600);
16    // (沒事)
17
18    setTimeout(() => notifier$.next(), 5000);
19    // sample 示範: 4
```

彈珠圖（如圖 3-137）：

```
        ---0---1---2---3---4---5....
 sample(-----x---x---------x----....)
        -----0-------------4----....
```

圖 3-137

整體運作順序為：

1. source$ 是每 1000 毫秒發生一次事件的 Observable 物件。

2. 1500 毫秒時，notifier$ 發出事件，取樣一次，此時 0~1500 毫秒內
   來源 Observable 訂閱最後一次事件值為 0，發生在最終訂閱結果上。

3. 1600 毫秒時，notifier$ 發生事件，取樣一次，此時距離上次發生
   事件到現在（也就是 1501~1600 毫秒內）來源 Observable 訂閱沒有
   任何事件發生過，因此最終訂閱結果上也沒有事件發生。

4. 5000 毫秒時，notifier$ 發生事件，取樣一次，此時 1601~5000 毫
   秒內來源 Observable 訂閱最後一次事件值為 4，發生在最終訂閱結
   果上。

sample 範例程式碼：

https://stackblitz.com/edit/rxjs-book-2nd-operators-sample

圖 3-138

auditTime

auditTime 運作方式跟 sampleTime 非常像，差別在 auditTime 是依照**新事件發生後的指定時間內取樣**來處理，而 sampleTime 則是單純的「**時間週期循環取樣**」。我們可以在 auditTime 內指定一個時間間隔，每當來源 Observable 物件訂閱有新事件發生時，就會等待一段時間，當指定時間間隔到了之後，才會從 Observable 物件訂閱在這段時間內發生過的最後一次事件資料作為實際結果。

範例程式：

```
1    import { interval, auditTime } from 'rxjs';
2
3    interval(1000)
4      .pipe(
5        auditTime(1500)
6      )
7      .subscribe(data => {
8        console.log(`auditTime 示範: ${data}`);
9      });
10
11   // auditTime 示範: 1
12   // auditTime 示範: 3
13   // auditTime 示範: 5
14   // auditTime 示範: 7
```

彈珠圖（如圖 3-139）：

```
-----0-----1-----2-----3-----4....

auditTime(1500)

--------------1----------3---....
    ^ 發生事件後，等待 1500 毫秒
        ^ 1500 毫秒後，取來源 Observable 最近一次事件資料
```

圖 3-139

整體運作順序為：

1. source$ 訂閱後發生事件 0，此時 auditTime(1500) 會等待 1500 毫秒。
2. 1500 毫秒後，source$ 最後一次發生的事件值為 1，因此訂閱結果會收到這個事件值。
3. 之後 source$ 發生事件 2，此時等待 1500 毫秒。
4. 1500 毫秒後，source$ 最後一個事件值為 3，因此訂閱結果會收到這個事件值。

auditTime 會在來源 Observable 物件訂閱有新事件發生時才會開始計算時間，因此至少一定會有一次事件資料當作訂閱收到的事件資料，而 sampleTime 因為是「時間循環」的關係，可能在某個時段內來源 Observable 物件訂閱都沒有新的事件，因此在最終訂閱結果也不會有新的事件資料。

auditTime 範例程式碼：

https://stackblitz.com/edit/rxjs-book-2nd-operators-audittime

圖 3-140

audit

audit 和 auditTime 非常類似，都是在一個指定的時間發生時讓來源 Observable 物件訂閱的最近一次事件發生在實際訂閱結果上，差別在 auditTime 是直接指定時間，而 audit 則是傳入一個 durationSelector callback function，audit 會將來源 Observable 物件訂閱的事件值傳入 callback function，我們需要自行撰寫程式回傳一個 Observable 物件或 Promise，audit 會依此資訊來決定下次事件發生的時機，處理邏輯為：

1. 每當來源 Observable 物件訂閱發生新的事件時，就會訂閱 durationSelector 回傳的資料流。

2. 在 durationSelector 回傳的 Observable 物件訂閱的事件資料流有新的事件前，來源 Observable 物件訂閱的事件都不會發生在最終訂閱結果上。

3. 直到從 durationSelector 回傳的 Observable 物件訂閱的事件資料流發生第一次事件後，再將來源 Observable 物件訂閱這段時間內發生事件的「最後一筆事件值」發生在新的 Observable 上，同時退訂 durationSelector 提供的資料流。

4. 之後等待來源資料流下一次事件發生，並重複步驟 1。

範例程式：

```
1    import { interval, audit } from 'rxjs';
2
3    const source$ = interval(1000);
4    const durationSelector = (value) => interval(value * 1200);
5
6    source$
7      .pipe(
8        audit(durationSelector)
```

```
9        )
10       .subscribe(data => {
11         console.log(`audit 示範: ${data}`);
12       });
13
14     // audit 示範: 0
15     // audit 示範: 2
16     // audit 示範: 6
17     // ...
```

彈珠圖（如圖 3-141）：

```
 ---0---1---2---3---4---5---6---...

audit((value) => interval(value * 1200))

 ---0--------2-----------------6....
   ^ 第一次是 interval(0)，因此直接發生事件
      ^ 之後發生事件 1，audit() 內會等 1200 毫秒
         ^ 1200 毫秒後，使用來源 Observable 最近一次事件
```

圖 3-141

整體運作順序為：

1. source$ 發生事件 0，同時 audit() 內會訂閱 interval(0) 同時此訂閱會發生事件，因此直接讓目前來源 Observable 物件訂閱最近一次的事件值 0 作為結果，並退訂此 interval(0)。

2. source$ 發生事件 1，此時 audit() 內會訂閱 interval(1200)，因此在 1200 毫秒後，將來源 Observable 物件訂閱最近一次事件值，也就是事件資料 2 作為結果。

3. source$ 發生事件 3，此時 audit() 內訂閱 interval(3600)，因此在 3600 毫秒後，將來源 Observable 物件訂閱最近一次事件值，也就是事件資料 6 作為結果。

audit 範例程式碼：

https://stackblitz.com/edit/rxjs-book-2nd-operators-audit

圖 3-142

debounceTime

debounceTime 可以指定一個時間間隔，當來源 Observable 物件訂閱有的新事件資料發生時，會等待這個指定的時間間隔，如果這段時間內沒有新的事件發生，就會以目前此事件資料為主；如果在這段等待時間有新的事件發生，則原來事件不會發生在新的資料流上，並繼續等待。

範例程式：

```
1   import { Subject, debounceTime } from 'rxjs';
2
3   const source$ = new Subject();
4
5   source$
6     .pipe(
7       debounceTime(500)
8     )
9     .subscribe(data => {
10      console.log(`debounceTime 示範: ${data}`);
11    });
12
13  setTimeout(() => source$.next(1), 0);
14  setTimeout(() => source$.next(2), 100);
15  setTimeout(() => source$.next(3), 200);
16  setTimeout(() => source$.next(4), 800);
17  setTimeout(() => source$.next(5), 1200);
```

```
18    setTimeout(() => source$.next(6), 1800);
19    setTimeout(() => source$.complete(), 2000);
20
21    // debounceTime 示範: 3
22    // debounceTime 示範: 5
23    // debounceTime 示範: 6
```

彈珠圖（如圖 3-143）：

```
1-2-3------4----5------6--|

debounceTime(500)

---------3-----------5----(6|)
         ^ 事件 3 發生後 500 毫秒沒有新事件
           因此訂閱時會讓此事件資料發生
```

圖 3-143

整體運作順序為：

1. source$ 發生事件 1，此時訂閱不會收到事件資料，而是先繼續等待 500 毫秒。

2. 在 500 毫秒內 source$ 就發生了事件 2，因此事件 1 不會發生在訂閱結果上，且繼續等待 500 毫秒。

3. 在 500 毫秒內 source$ 就發生了事件 3，因此事件 2 不會發生在訂閱結果上，且繼續等待 500 毫秒。

4. 500 毫秒後沒有新的事件，因此讓目前事件資料 3 作為訂閱到的事件資料。

5. source$ 接著發生事件 4，一樣等待 500 毫秒內是否有新事件。

6. 在 500 毫秒內 source$ 就發生了事件 5，因此事件 4 不會發生在訂閱結果上，且繼續等待 500 毫秒。

7. 500 毫秒後沒有新的事件，因此讓目前事件資料 5 作為訂閱到的事件資料。

8. source$ 的事件 6 發生後 200 毫秒時整個 Observable 物件資料流結束了，因此確定 500 毫秒內不會發生新事件，訂閱結果得到事件 6，同時目前的訂閱也結束了。

當事件持續在發生時，若後續的運算很複雜，就容易產生過多大量的運算，此時就可以使用 debounceTime，等待一陣子沒有新資料時，才進行想要的運算，來節省一些資源的浪費。

debounceTime 範例程式碼：

https://stackblitz.com/edit/rxjs-book-2nd-operators-debouncetime

圖 3-144

debounce

debounce 和 debounceTime 都是在一個指定時間內沒有新事件才會讓此事件值發生，差別在於 debounce 可以傳入 durationSelector 的 callback function；debounce 會將來源 Observable 訂閱到的事件值傳入 durationSelector，並自行撰寫程式回傳一個用來**控制事件發生時機**的 Observable 或 Promise 物件，debounce 會依照此資訊來決定下次事件發生的時機點。這和之前介紹的 audit 很像，只是處理時機點不同。

範例程式：

```
1    import { interval, debounce } from 'rxjs';
2
3    const source$ = interval(3000);
4    const durationSelector = (value) => interval(value * 1000);
```

```
5
6     source$
7      .pipe(
8        debounce(durationSelector)
9      )
10     .subscribe(data => {
11       console.log(`debounce 示範: ${data}`);
12     });
13
14   // debounce 示範: 0
15   // debounce 示範: 1
16   // debounce 示範: 2
```

彈珠圖（如圖 3-145）：

```
 ---0---1---2---3---4---5---6---...

debounce((value) => interval(value * 1000))

---0----1-----2-----------------....
  ^ 第一次是 interval(0)，因此直接使用此事件資料
     ^ 之後發生事件 1，訂閱 interval(1000)
```

圖 3-145

整體運作順序為：

1. source$ 為每 3000 毫秒發生一次事件的 Observable 物件。

2. source$ 發生事件 0，訂閱 interval(0)，此時不會有任何新事件，因此訂閱收到事件 0。

3. source$ 發生事件 1，訂閱 interval(1000)，下一個事件在 1000 毫秒內沒有發生，訂閱結果收到事件 1。

4. source$ 發生事件 2，訂閱 interval(2000)，下一個事件在 2000 毫秒內沒有發生，訂閱結果收到事件 2。

5. source$ 發生事件 3，訂閱 interval(3000)，而下個事件會在 3000 毫秒內發生，因此訂閱不會收到事件 3。

6. 由於接下來 source$ 訂閱都需要超過 3000 毫秒沒新事件才可以在訂閱結果上收到事件，但來源 Observable 物件訂閱每 3000 毫秒都會發生新的事件值，因此訂閱結果將不再有機會發生新的事件。

debounce 範例程式碼：

https://stackblitz.com/edit/rxjs-book-2nd-operators-debounce

圖 3-146

▶ 3-9 條件／布林類型 Operators

「條件 / 布林類型」的 operators 都是用來判斷整個 Observable 物件訂閱的事件資料是否符合某些指定的條件，並將結果作為實際訂閱收到的事件資料。

isEmpty

isEmpty 會判斷來源 Observable 物件的訂閱是否沒有**發生過任何事件值**，如果到結束時完全沒有任何事件發生過，則會再訂閱結果收到 true 事件，反之則發生 false 事件。

範例程式：

```
1    import { EMPTY, Subject, isEmpty } from 'rxjs';
2
3    EMPTY
4      .pipe(
5        isEmpty()
```

```
 6      )
 7      .subscribe(data => {
 8        console.log(`isEmpty 示範 (1): ${data}`)
 9      });
10
11    // isEmpty 示範 (1): true
12
13    const emptySource$ = new Subject();
14    emptySource$
15      .pipe(
16        isEmpty()
17      )
18      .subscribe(data => {
19        console.log(`isEmpty 示範 (2): ${data}`)
20      });
21
22    setTimeout(() => emptySource$.complete(), 2000);
23
24    // isEmpty 示範 (2): true
```

第 4 行使用到的 EMPTY 本來就是一個不會發生任何事件就結束的 Observable 物件，因此加上 isEmpty operator 後訂閱會收到事件 true。

第 14 行建立了一個名為 emptySubject$ 的 Subject，但並沒有讓它發出任何事件（next()）就已經結束了，因此 emptySubject$ 加上 isEmpty operator 後訂閱也會收到事件 true。

彈珠圖（如圖 3-147）：

```
----------|

isEmpty()

----------(true|)
```

圖 3-147

如果過程中有發生過事件呢？當然就會得到 false 的結果。

範例程式：

```
1    import { interval, take, isEmpty } from 'rxjs';
2
3    interval(1000)
4      .pipe(
5        take(3),
6        isEmpty()
7      )
8      .subscribe(data => {
9        console.log(`isEmpty 示範 (3): ${data}`)
10     });
11
12   // isEmpty 示範 (3): false
```

由於有事件發生，確定不是沒有任何事件的資料流，因此在事件發生同時，就會得到 false，且同時結束。

彈珠圖（如圖 3-148）：

```
---0---1---2---3    4---5...

take(3)

---0---1---2|

isEmpty()

---(false|)
```

圖 3-148

isEmpty 範例程式碼：

https://stackblitz.com/edit/rxjs-book-2nd-operators-isempty

圖 3-149

defaultIfEmpty

defaultIfEmpty 會在 Observable 物件訂閱沒有任何事件發生就結束時，給予一個預設值。

範例程式：

```
1   import { Subject, defaultIfEmpty } from 'rxjs';
2
3   const emptySource$ = new Subject();
4
5   emptySource$
6     .pipe(
7       defaultIfEmpty('a')
8     )
9     .subscribe(data => {
10      console.log(`defaultIfEmpty 示範 (1): ${data}`)
11    });
12  setTimeout(() => emptySource$.complete(), 2000);
13
14  // defaultIfEmpty 示範 (1): a
```

由於來源 Observable 物件沒有任何新的事件就結束了，因此會給予一個指定的預設值。

彈珠圖（如圖 3-150）：

```
------|
defaultIfEmpty('a')
------(a|)
```

圖 3-150

如果過程中有發生事件值呢？那麼當然 defaultIfEmpty 就不會做任何的事情。

範例程式：

```
1   import { interval, take, defaultIfEmpty } from 'rxjs';
2
3   interval(1000)
4     .pipe(
5       take(3),
6       // 因為來源 Observable 有事件發生，因此不會收到設定的預設值 -1
7       defaultIfEmpty(-1)
8     )
9     .subscribe(data => {
10      console.log(`defaultIfEmpty 示範 (2): ${data}`);
11    });
12
13  // defaultIfEmpty 示範 (2): 0
14  // defaultIfEmpty 示範 (2): 1
15  // defaultIfEmpty 示範 (2): 2
```

defaultIfEmpty 範例程式碼：

https://stackblitz.com/edit/rxjs-book-2nd-operators-defaultifempty

圖 3-151

find

find 可以用來尋找事件資料流內**第一個符合條件的資料**，它需要傳入一個 predictate callback function，find 會將事件資訊傳入此 callback function，並回傳是否符合指定的條件，如果符合，就會將目前的事件資料作為訂閱結果，同時完成整個資料流。

```
1    import { interval, find } from 'rxjs';
2
3    interval(1000)
4      .pipe(
5        find(data => data === 3)
6      )
7      .subscribe(data => {
8        console.log(`find 示範: ${data}`);
9      });
10
11   // find 示範: 3
```

彈珠圖（如圖 3-152）：

```
---0---1---2---3---4---5.....

find(data => data === 3)

--------------(3|)
```

圖 3-152

find 範例程式碼：

https://stackblitz.com/edit/rxjs-book-2nd-operators-find

圖 3-153

findIndex

findIndex 與 find 一樣需要一個 predicate callback function，差別在於 findIndex 會得到的結果是**第一個符合條件的事件索引值**；也就是第一個符合條件的事件是整個資料流第幾筆事件資料。

```
1    import { interval, map, findIndex } from 'rxjs';
2
3    interval(1000)
4      .pipe(
5       map(data => data * 2),
6       findIndex(data => data === 6)
7      )
8      .subscribe(data => {
9       console.log(`findIndex 示範: ${data}`);
10     });
11
12   // findIndex 示範: 3
```

彈珠圖（如圖 3-154）：

```
---0---1---2---3---4-...

map(data => daya * 3)

---0---2---4---6---8-...

findIndex(data => data === 6)

--------------(3|)
              ^ 第 3 次發生的事件
```

圖 3-154

findIndex 範例程式碼：

https://stackblitz.com/edit/rxjs-book-2nd-operators-findindex

圖 3-155

every

every 用來判斷來源資料流內**是否所有的事件都符合條件**；如果符合，在來源 Observable 訂閱資料流結束時會在訂閱結果得到 true 事件；如果不符合，則會在事件資料不符合指定條件同時得到 false 事件並結束。

範例程式：

```
1    import { interval, map, take, every } from 'rxjs';
2
3    const source$ = interval(1000)
4      .pipe(
5        map(data => data * 2),
6        take(3)
7      );
8
9    source$
10     .pipe(
11       every(data => data % 2 === 0)
12     )
13     .subscribe(data => {
14       console.log(`every 示範 (1): ${data}`);
15     });
16
17   // every 示範 (1): true
```

由於設計出來的 source$ 事件都會是 2 的倍數，因此加上 every(data =>
data % 2 === 0) 時全部事件都會符合，所以在資料流結束後訂閱結果收到
事件資料 true。

彈珠圖（如圖 3-156）：

```
---0---2---4|

every(data => data % 2 === 0)

-----------(true|)
```

圖 3-156

當有事件值不符合條件時，會立刻收到事件 false 並結束。

範例程式：

```
1    import { interval, every } from 'rxjs',
2
3    interval(1000)
4      .pipe(
5        every(data => data % 2 === 0)
6      )
7      .subscribe(data => {
8        console.log(`every 示範 (2): ${data}`);
9      });
10
11   // every 示範 (2): false
```

彈珠圖（如圖 3-157）：

```
---0---1---2---3....

every(data => data % 2 === 0)

-------(false|)
```

圖 3-157

every 範例程式碼：

https://stackblitz.com/edit/rxjs-book-2nd-operators-every

圖 3-158

▶ 3-10 數學 / 聚合類型 Operators

「數學 / 聚合類型」的 operators，會把來源 Observable 物件的事件值統整成一個單一資料作為訂閱事件結果。

min

min 會判斷來源 Observable 物件訂閱事件資料流內的最小值，在來源 Observable 物件訂閱結束後，將最小值事件資料作為訂閱結果。

範例程式：

```
1    import { of, min } from 'rxjs';
2
3    of(5, 1, 9, 8)
```

```
4       .pipe(
5         min()
6       )
7       .subscribe(data => {
8         console.log(`min 示範 (1): ${data}`);
9       });
10
11   // min 示範 (1): 1
```

彈珠圖（如圖 3-159）：

```
(   5   1   9   8|)

max( )

(               1|)
```

圖 3-159

min 也可以傳入 comparer callback function，用來自訂資料大小的比較條件；min 會將兩個事件資料分別以 x 和 y 傳入 comparer callback function 並依照回傳值判斷兩組資料的大小，這個 callback function 需要回傳一個數值，大於 0 代表 x 大於 y，小於 0 代表 x 小於 y，等於 0 代表 x 和 y 相同。

範例程式：

```
1    import { of, min } from 'rxjs';
2
3    of(
4      { name: 'Student A', score: 80 },
5      { name: 'Student B', score: 90 },
6      { name: 'Student C', score: 60 },
7      { name: 'Student D', score: 70 },
8    )
9    .pipe(
```

```
10      min((student1, student2) => student1.score - student2.score)
11    )
12    .subscribe(student => {
13      var result = `${student.name} - ${student.score}`;
14      console.log(`min 示範 (2): ${result}`);
15    });
16
17    // min 示範 (2): Student C - 60
```

min 範例程式碼：

https://stackblitz.com/edit/rxjs-book-2nd-operators-min

圖 3-160

max

max 會判斷來源 Observable 物件訂閱事件資料流內的最大值，在來源 Observable 物件訂閱結束後，將最大值事件資料作為訂閱結果。

範例程式：

```
1     import { of, max } from 'rxjs';
2
3     of(5, 1, 9, 8)
4       .pipe(
5         max()
6       )
7       .subscribe(data => {
8         console.log(`max 示範 (1): ${data}`);
9       });
10
11    // max 示範 (1): 9
```

彈珠圖（如圖 3-161）：

```
(    5    1    9    8|)

max()

(                   9|)
```

圖 3-161

max 也可以傳入 comparer callback function，用來自訂資料大小的比較條件；
max 會將兩個事件資料分別以 x 和 y 傳入 comparer callback function 並依照
回傳值判斷兩組資料的大小，這個 callback function 需要回傳一個數值，大
於 0 代表 x 大於 y，小於 0 代表 x 小於 y，等於 0 代表 x 和 y 相同。

範例程式：

```
1    import { of, max } from 'rxjs';
2
3    of(
4      { name: 'Student A', score: 80 },
5      { name: 'Student B', score: 90 },
6      { name: 'Student C', score: 60 },
7      { name: 'Student D', score: 70 },
8    )
9    .pipe(
10     max((student1, student2) => student1.score - student2.score)
11   )
12   .subscribe(student => {
13     var result = `${student.name} - ${student.score}`;
14     console.log(`max 示範 (2): ${result}`);
15   });
16
17   // max 示範 (2): Student B - 90
```

max 範例程式碼：

https://stackblitz.com/edit/rxjs-book-2nd-operators-max

圖 3-162

count

count 可以用來計算來源 Observable 物件訂閱結束時總共發生了幾次事件資料。

範例程式：

```
1   import { of, count } from 'rxjs';
2
3   of(5, 1, 9, 8)
4     .pipe(
5       count()
6     )
7     .subscribe(data => {
8       console.log(`count 示範 (1): ${data}`);
9     });
10
11  // count 示範 (1): 4
```

彈珠圖（如圖 3-163）：

```
(   5   1   9   8|)

count()

(              4|)
                ^ 來源 Observable 物件發生過 4 次事件
```

圖 3-163

count 也可以傳入 predicate callback function，來判斷事件資料是否符合固定條件，此時會變成判斷「符合條件的事件資料總數」。

範例程式：

```
1    import { of, count } from 'rxjs';
2
3    of(5, 1, 9, 8)
4      .pipe(
5        count(data => data > 5)
6      )
7      .subscribe(data => {
8        console.log(`count 示範 (2): ${data}`);
9      });
10
11   // count 示範 (2): 2
```

彈珠圖（如圖 3-164）：

```
(   5   1   9   8|)

count(data -> data > 5)

(                ?|)
                 ^ 符合條件的事件發生過 2 次
```

圖 3-164

count 範例程式碼：

https://stackblitz.com/edit/rxjs-book-2nd-operators-count

圖 3-165

reduce

reduce 用來運算來源 Observable 物件訂閱後將事件資料進行彙總的結果，與之前介紹過的 scan 非常像，差別在於 scan 會在來源 Observable 物件訂閱發生事件後都會進行運算並同時當作訂閱的事件值，而 reduce 在來源 Observable 物件訂閱發生事件後，只會進行運算，但不會在訂閱結果收到資料，直到來源 Observable 物件訂閱結束時，才會將運算結果當作訂閱收到的最終資料。

範例程式：

```
1    import { of, reduce } from 'rxjs';
2
3    const donateAmount = [100, 500, 300, 250];
4
5    const accumDonate$ = of(...donateAmount).pipe(
6      reduce(
7        (acc, value) => acc + value, // 累加函數
8        0 // 初始值
9      )
10   );
11
12   accumDonate$.subscribe(amount => {
13     console.log(`目前 donate 金額累計：${amount}`)
14   });
15
16   // 目前 donate 金額累計：1150
```

彈珠圖（如圖 3-166）：

```
(100        500        300       250|)

reduce((acc, value) => acc + value, 0)

(                      1150|)
```

圖 3-166

reduce 範例程式碼：

https://stackblitz.com/edit/rxjs-book-2nd-operators-reduce

圖 3-167

▶ 3-11 工具類型 Operators

tap

tap 主要就是用來處理 side effect 的，在使用各種 operators 時，我們應該盡量讓程式內不要發生 side effect，但真的有需要處理 side effect 時，可以使用 tap 把「side effect 和非 side effect 的操作」隔離，未來會更加容易找到問題發生的地方。

範例程式：

```
import { interval, map, take, tap } from 'rxjs';

interval(1000).pipe(
  map(data => data * 2),
  // 使用 tap 來隔離 side effect
  tap(data => console.log('目前資料', data)),
  map(data => data + 1),
  tap(data => console.log('目前資料', data)),
  take(10)
).subscribe((data) => {
  console.log(`tap 示範 (1): ${data}`);
});
```

加入 tap 後運作過程並不會因此改變，我們只是在 tap 的 callback function 中處理 side effect 的邏輯（如 console.log、DOM 操作等）。

一般來說，在整個 Obsevable 物件運作時只建議在訂閱的 callback function 內執行 side effect 相關程式碼，但若在資料流中需要處理 side effect 時，使用 tap 來處理就對了！

前段範例中，我們都是接受來源 Observable 物件送出的 next() 事件資料；除此之外，tap 也可以用來接收來源 Observable 物件送出的 error() 和 complete() 資訊，只要傳入一個觀察者物件（Observer）即可。

範例程式：

```
1    import { interval, map, take, tap } from 'rxjs';
2
3    const observer = {
4      next: (data) =>
5        console.log(`tap 示範 (2): ${data}`),
6      error: (error) =>
7        console.log(`tap 示範 (2): 發生錯誤 - ${error}`),
8      complete: () =>
9        console.log('tap 示範 (2): 結束'),
10   };
11
12   interval(1000).pipe(
13     take(3),
14     map(data => data * 2),
15     map(data => data + 1),
16     tap(observer)
17   ).subscribe();
18
19   // tap 示範 (2): 1
20   // tap 示範 (2): 3
```

```
21    // tap 示範 (2): 5
22    // tap 示範 (2): 結束
```

tap 範例程式碼：

https://stackblitz.com/edit/rxjs-book-2nd-opereators-tap

圖 3-168

toArray

toArray 會在來源 Observable 物件發生事件時，先將資料暫存起來，不讓事件在訂閱結果上發生，當來源 Observable 物件訂閱結束時，再將這些資料組合成一個陣列傳遞到訂閱結果內。

範例程式：

```
1     import { interval, take, toArray } from 'rxjs';
2
3     interval(1000)
4       .pipe(
5         take(3),
6         toArray()
7       )
8       .subscribe(data => {
9         console.log(`toArray 示範 (1): ${data}`);
10      });
11
12    // toArray 示範 (1): 0,1,2
```

彈珠圖（如圖 3-169）：

```
---0---1---2|

toArray()

----------([0, 1, 2]|)
```

圖 3-169

toArray 還有一種妙用，就是拿來處理集合類型資料相關的邏輯，我們可以使用 of、from 或 range 等建立類型 operators 來把集合資料轉換成 Observable 物件，透過 pipe 運作是**一筆一筆事件資料流入所有 operators 的特性**，來處理資料，最後再使用 toArray 轉回陣列資料。

舉例來說，假設原來有個處理陣列的程式：

```
1    [1, 2, 3, 4, 5, 6, 7, 8, 9]
2      .map(value => value * value)
3      .filter(value => value % 3 === 0);
```

這裡使用 JavaScript 陣列處理的 API 如 map、filter 等，在程式運作時，陣列資料會先全部傳入 map，處理完後的結果會再全部傳入 filter 處理；也可以想像成 map、filter 等 API 出現多少次，就會有多少個迴圈來處理資料，假設資料量非常龐大，處理邏輯也非常多，程式效能相對就會比較差。

大部分的情境下，以現在的電腦運算能力來說都不會有太大問題，使用陣列處理的相關 API 寫起來可讀性也會比直接用迴圈寫來得好，不過真的遇到大量資料要處理時，還是會有效能問題，如果使用 RxJS 可以搭配 toArray 來改善：

```
1    import { from, map, filter, toArray } from 'rxjs';
2
3    from([1, 2, 3, 4, 5, 6, 7, 8, 9])
```

```
4      .pipe(
5       map(value => value * value),
6       filter(value => value % 3 === 0),
7       toArray()
8      )
9      .subscribe(result => {
10      console.log(`toArray 示範 (2): ${result}`);
11     });
12
13    // toArray 示範 (2): 9,36,81
```

彈珠圖（如圖 3-170）：

```
(1   2   3   4   5   6   7   8   9|)

map(value => value * value)

(1    4   9   16  25  36  49  64  81|)

filter(value => value % 3 === 0)

(        9        36         81|)

toArray()

                      ([9,36,81]|)
```

圖 3-170

由於 Observable 事件資料是一筆一筆事件發生，且每次發生事件就會流入 pipe 設定的 operators 內，因此當事件 1 發生時，會即時將資料傳入 map operator 內，處理完畢再傳入 filter operator，以此類推，每個事件發生時候會直接將資料流入 pipe 內的 operators，因此效能會比使用陣列 API 還要好，除此之外，也能額外享受到更多 RxJS 提供的 operators 來整理資料，兼顧效能、可讀性與方便性！

toArray 範例程式碼：

https://stackblitz.com/edit/rxjs-book-2nd-operaetors-toarray

圖 3-171

delay

delay 會讓來源 Observable 物件訂閱延遲一個指定時間（毫秒）後再開始。

範例程式：

```
1    import { timer, take, delay } from 'rxjs';
2
3    timer(0, 1000).pipe(
4      take(3),
5      delay(2000)
6    ).subscribe(data => {
7      console.log(`delay 示範: ${data}`);
8    });
9
10   // (延遲 2 秒鐘)
11   // delay 示範: 1
12   // delay 示範: 2
13   // delay 示範: 3
```

彈珠圖（如圖 3-172）：

```
1---2---3|

delay(2000)

------1---2---3|
      ^ 延遲 2 秒後才開始
```

圖 3-172

delay 範例程式碼：

https://stackblitz.com/edit/rxjs-book-2nd-operators-delay

圖 3-173

delayWhen

delayWhen 可以將每個事件依照條件延遲到某個指定時機點，在 delayWhen
內需要傳入一個 delayDurationSelector callback function，delayWhen 會將事
件資訊傳入這個 callback function 內，而這個 callback function 需要回傳一
個 Observable 物件，delayWhen 會訂閱它，當此 Observable 物件訂閱發生新
事件時，才會將來源事件值傳遞到實際訂閱的結果上。

範例程式：

```
1    import { of, interval, take, delay, delayWhen } from 'rxjs';
2
3    const delayFn = (value) => {
4      return of(value).pipe(delay(value % 2 * 2000));
5    }
6
7    interval(1000)
8      .pipe(
9        take(3),
10       delayWhen(value => delayFn(value))
11     ).subscribe(data => {
12       console.log(`delayWhen 示範: ${data}`);
13     });
14
15   // delayWhen 示範: 0
16   // (原本應該發生事件 1，但被延遲了)
```

```
17    // delayWhen 示範: 2
18    // delayWhen 示範: 1
```

範例程式中，我們撰寫了 `delayFn` 來自訂要延遲的時機點，當資料是偶數時，因為 `delay(0)` 的關係不會有延遲，而當資料是奇數時，則會因為 `delay(2000)` 的關係，所以會延遲兩秒鐘，因此事件資料 1 會比較晚發生。

透過 `delayWhen`，我們可以替每個事件值都決定它要延遲到什麼時候。

彈珠圖（如圖 3-174）：

```
----0----1----2|

delayWhen(value => of(value).pipe(delay(value % 2 * 2000)))

----0---------2----1|
         ^ 延遲兩秒發生
              ^ 所以事件 1 到這時才發生事件
```

圖 3-174

delayWhen 範例程式碼：

https://stackblitz.com/edit/rxjs-book-2nd-operators-delaywhen

圖 3-175

▶ 3-12 錯誤處理 Operators

在使用 RxJS 時，資料流是透過 `pipe` 搭配各式各樣的 operators 在處理，且很多時候是非同步的，因此大多時候發生錯誤並不能單純的使用 `try...catch` 方式處理，就需要透過這些錯誤處理相關的 operators 來協助我們控制資料中發生的錯誤。

catchError

catchError 可以在來源 Observable 發生錯誤時，進行額外的處理，一般來說當訂閱後資料流發生錯誤時，都會在訂閱的 error callback function 中處理，例如：

```
1    import { interval, map } from 'rxjs';
2
3    interval(1000)
4      .pipe(
5        map(data => {
6          if (data % 2 === 0) {
7            return data;
8          } else {
9            throw new Error('發生錯誤');
10         }
11       }),
12     )
13     .subscribe({
14       next: data => {
15         console.log(`catchError 示範 (1): ${data}`);
16       },
17       error: error => {
18         console.log(`catchError 示範 (1): 錯誤 - ${error}`);
19       }
20     });
21
22  // catchError 示範 (1): 0
23  // catchError 示範 (1): 錯誤 - Error: 發生錯誤
24  // (發生錯誤，整個資料流中斷)
```

彈珠圖（如圖 3-176）：

```
---0---#
```

圖 3-176

但訂閱的行為畢竟不是整個 Observable 物件資料流的一部分，而是我們在訂閱時自己撰寫的邏輯，且在訂閱時處理錯誤代表來源 Observable 物件資料流已經錯誤並中斷了，如果要將錯誤處理也視為整個 Observable 物件資料流的一部分，就可以使用 catchError，catchError 內的 callback function 會傳入錯誤訊息，且需要回傳另一個 Observable 物件，當過程中錯誤發生時，就會改成使用 catchError 回傳的 Observable 物件，讓後續的其他 operators 可以繼續下去，而不會中斷整個資料流。

範例程式：

```
 1    import { interval, map, catchError } from 'rxjs';
 2
 3    interval(1000)
 4      .pipe(
 5       map(data => {
 6         if (data % 2 === 0) {
 7           return data;
 8         } else {
 9           throw new Error('發生錯誤');
10         }
11       }),
12       catchError(error => {
13         return interval(1000);
14       }),
15       map(data => data * 2)
16      )
17      .subscribe({
```

```
18      next: data => {
19        console.log(`catchError 示範 (2): ${data}`);
20      },
21      error: error => {
22        console.log(`catchError 示範 (2): 錯誤 - ${error}`);
23      }
24    });
25
26  // catchError 示範 (2): 0
27  // (來源 Observable 資料流發生錯誤，換另外的 Observable 物件取代)
28  // (以下是錯誤處理後新的 Observable 物件資料流)
29  // catchError 示範 (2): 0
30  // catchError 示範 (2): 2
31  // catchError 示範 (2): 4
32  // ...
```

彈珠圖（如圖 3-177）：

```
            ---0---#
catchError(---0---1---2...)

            ---0-------0----1----2...
                  ^ 發生錯誤，換成 catchError 內的 Observable

        map(data => data * 2)

            ---0-------0----2----4...
```

圖 3-177

如果遇到無法處理的錯誤，也可以就讓錯誤發生，此時只需要回傳 throwError 或是把原來的錯誤繼續用 throw 語法拋出去即可。

範例程式：

```
1    import { interval, map, throwError, catchError } from 'rxjs';
2
3    interval(1000)
4      .pipe(
5        map(data => {
6          if (data % 2 === 0) {
7            return data;
8          } else {
9            throw new Error('發生錯誤');
10         }
11       }),
12       catchError(error => {
13         return throwError(() => error);
14         // 也可以寫成這樣
15         // throw error;
16       }),
17       map(data => data * 2)
18     )
19     .subscribe({
20       next: data => {
21         console.log(`catchError 示範 (3): ${data}`);
22       },
23       error: error => {
24         console.log(`catchError 示範 (3): 錯誤 - ${error}`);
25       }
26     });
27
28  // catchError 示範 (3): 0
29  // catchError 示範 (3): 錯誤 - Error: 發生錯誤
```

catchError 範例程式碼：

https://stackblitz.com/edit/rxjs-book-2nd-operators-catcherror

圖 3-178

retry

當 Observable 物件資料流發生錯誤時，可以使用 retry 來重試整個資料流，可以設定要重試幾次。

範例程式：

```
1    import { interval, iif, of, throwError, map, switchMap, retry } from 'rxjs';
2
3    interval(1000)
4      .pipe(
5        switchMap(data =>
6          iif(() =>
7            data % 2 === 0,
8            of(data),
9            throwError('發生錯誤'))
10       ),
11       map(data => data + 1),
12       retry(3),
13     )
14     .subscribe({
15       next: data => {
16         console.log(`retry 示範 (1): ${data}`);
17       },
18       error: error => {
19         console.log(`retry 示範 (1): 錯誤 - ${error}`);
20       }
```

```
21        });
22
23    // retry 示範 (1): 1
24    // (發生錯誤，重試第1 次)
25    // retry 示範 (1): 1
26    // (發生錯誤，重試第2 次)
27    // retry 示範 (1): 1
28    // (發生錯誤，重試第3 次)
29    // retry 示範 (1): 1
30    // (發生錯誤，已經重試 3 次了，不再重試，直接讓錯誤發生)
31    // retry 示範 (1): 錯誤 - 發生錯誤
```

彈珠圖（如圖 3-179）：

```
---1---#

retry(3)

---1------1------1------1---#
        ^  發生錯誤，重試第 1 次
               ^  發生錯誤，重試第 2 次
                      ^  發生錯誤，重試第 3 次
                             ^  不再重試，直接讓錯誤發生
```

圖 3-179

若不指定次數，預設值為 -1，代表會持續重試；若不想重試，也可以指定
次數為 0，就會直接讓錯誤發生。

retry 範例程式碼：

https://stackblitz.com/edit/rxjs-book-2nd-operators-retry

圖 3-180

retry 搭配 RetryConfig

retry 除了直接放入一個數字作為「重試次數外」，也可以改放一個 RetryConfig 的物件，這個物件提供我們更細緻的重試操作，包含三個屬性，皆為非必要：

- count：最大重試次數，如果不值定則會持續嘗試直到成功為止。
- delay：延遲多少毫秒後才開始進行重試，也可以指定一個回傳 Observable 物件的 callback function，當來源發生錯誤時，會訂閱這個 Observable 物件，此物件每次有新事件時就會進行重試，如果 Observable 物件發生「失敗事件」，則視為整個資料流失敗，如果 Observable 物件發生「完成事件」，則視為整個資料流完成，不會再報任何錯誤。
- resetOnSuccess：當有正常事件發生後，是否要重置重試次數。

範例程式：

```
1    import { interval, timer, iif, of, map, switchMap,
2    throwError, retry } from 'rxjs';
3
4    interval(1000)
5      .pipe(
6        switchMap((data) =>
7          iif(
8            () => data % 2 === 0,
9            of(data),
10           throwError(() => '發生錯誤')
11         )
12       ),
13       map((data) => data + 1),
14       retry({
15         // error 參數代表原始的錯誤，這裡主要使用第二個參數，代表重試次數
```

```
16              delay: (error, retryCount) =>
17                  // 隨著失敗次數延長重試 delay 時間，最多重試三次
18                  // 關於重試三次，直接用 count 參數即可，這裡僅作為示範
19                  iif(
20      () => retryCount > 3,
21      throwError(() => '重試太多次了'),
22      timer(retryCount * 1000)
23      )
24          })
25      )
26      .subscribe({
27        next: (data) => {
28          console.log(`retryWhen 示範 (1): ${data}`);
29        },
30        error: (error) => {
31          console.log(`retryWhen 示範 (1): 錯誤 - ${error}`);
32        },
33        complete: () => {
34          console.log('retryWhen 示範 (1): 完成');
35        },
36      });
37
38  // retryWhen 示範 (1): 1
39  // (發生錯誤，1 秒後重試)
40  // retryWhen 示範 (1): 1
41  // (發生錯誤，2 秒後重試)
42  // retryWhen 示範 (1): 1
43  // (發生錯誤，3 秒後重試)
44  // retryWhen 示範 (1): 1
45  // (重試太多次了，失敗)
46  // retryWhen 示範 (1): 錯誤 - 重試太多次了
```

這段程式在錯誤發生時,會根據目前是「第幾次重試」延長下次重試時間,直到次出超過設定上限。

```
-1-#

retry({
  delay: (error, retryCount) =>
  iif(() => retryCount > 3, throwError(() => error), timer(1000))
})

-1----1-----1------1--#
  ^ 發生錯誤,等待 1 秒後重試
     ^ 發生錯誤,等待 2 秒後重試
        ^ 發生錯誤,等待 3 秒後重試
           ^ 重試次數超過上限,發出錯誤
```

圖 3-181

另外一個小技巧,我們也可以讓使用者自己決定何時要重試:

```
1    import { interval, iif, of, fromEvent, take, map, switchMap,
2      throwError, retry } from 'rxjs';
3
4    const click$ = fromEvent(document.querySelector('#btnRetry'), 'click');
5
6    interval(1000)
7      .pipe(
8        switchMap(data =>
9          iif(
10   () => data % 2 === 0,
11   of(data),
12   throwError(() => '發生錯誤'))
13   ),
14        map(data => data + 1),
15        retry({
16          count: 3,
17          delay: (error) => click$.pipe(take(1))
```

```
18        })
19      )
20      .subscribe({
21        next: data => {
22          console.log(`retryWhen 示範 (2): ${data}`);
23        },
24        error: error => {
25          console.log(`retryWhen 示範 (2): 錯誤 - ${error}`);
26        },
27        complete: () => {
28          console.log('retryWhen 示範 (2): 結束');
29        }
30      });
```

把 retry 內 delay 參數的處理方式換成一次按鈕按下的事件資料流 click$.pipe(take(1))，就可以讓重試的邏輯交給使用者自行決定。

本次練習程式碼：

https://stackblitz.com/edit/rxjs-book-2nd-operators-retry-with-config

圖 3-182

finalize

finalize 會在整個來源 Observable 物件資料流結束時，最後會進入處理，因此永遠會在最後才執行且一定會執行到。

範例程式：

```
1    import { interval, map, take, finalize } from 'rxjs';
2
3    interval(1000)
```

```
4      .pipe(
5        take(5),
6        finalize(() => {
7          console
8            .log('finalize 示範 (1): 在 pipe 內的 finalize 被呼叫了');
9        }),
10       map(data => data + 1),
11     )
12     .subscribe({
13       next: data => {
14         console.log(`finalize 示範 (1): ${data}`);
15       },
16       complete: () => {
17         console.log(`finalize 示範 (1): 完成`);
18       }
19     });
20
21  // finalize 示範 (1): 1
22  // finalize 示範 (1): 2
23  // finalize 示範 (1): 3
24  // finalize 示範 (1): 4
25  // finalize 示範 (1): 5
26  // finalize 示範 (1): 完成
27  // finalize 示範 (1): 在 pipe 內的 finalize 被呼叫了
```

從結果可以看到，儘管 map 放在 finalize 後面，但還是不斷的處理 map 內的邏輯，直到來源 Observable 資料流結束後，才進入 finalize 處理，同時也可以注意到 finalize 會比訂閱的 complete callback function 還慢進入。

嚴格來說 finalize 不算是錯誤處理的 operator，因為 finalize 是在整個 Observable 資料流結束時才進入處理，跟有沒有發生錯誤無關，但經常與錯誤處理搭配一起使用。

範例程式：

```
1    import { interval, iif, of, throwError,
2            map, switchMap, finalize } from 'rxjs';
3
4    interval(1000)
5      .pipe(
6        switchMap(data =>
7          iif(
8            () => data % 2 === 0,
9            of(data),
10           throwError(() => '發生錯誤'))
11         ),
12         // 當之前的 operator 發生錯誤時，資料流會中斷，但會進來 finalize
13         finalize(() => {
14           console
15             .log('finalize 示範 (2): 在 pipe 內的 finalize 被呼叫了');
16         }),
17         // 當之前的 operator 發生錯誤時，這裡就不會呼叫了
18         map(data => data + 1),
19       )
20       .subscribe({
21         next: data => {
22           console.log(`finalize 示範 (2): ${data}`);
23         },
24         error: error => {
25           console.log(`finalize 示範 (2): 錯誤 - ${error}`);
26         }
27       });
28
29   // finalize 示範 (2): 1
30   // finalize 示範 (2): 錯誤 - 發生錯誤
31   // finalize 示範 (2): 在 pipe 內的 finalize 被呼叫了
```

從結果可以看到，`finalize` 也會比訂閱的 `error callback function` 還慢進入。透過 `finalize` 我們可以確保就算過程中發生錯誤導致整個資料流中斷，還會有個地方可以處理些事情。

finalize 範例程式碼：
https://stackblitz.com/edit/rxjs-book-2nd-operators-finalize

圖 3-183

▶ 3-13 Multicast 類型 Operators

還記得之前介紹過 Cold Observable 與 Hot Observable 嗎？

Cold Observable 和觀察者（Observer）是**一對一**的關係，也就是每次產生訂閱時，都會是一個全新的資料流。而 Hot Observable 和觀察者則是**一對多**的關係，也就是每次產生訂閱時，都會使用「同一份資料流」，且儘管沒有訂閱發生，Hot Observable 本身依然可以持續有事件發生。

另外還有 Warm Observable，它在被訂閱前是不會產生任何事件的，直到訂閱後，則會跟所有的觀察者一起共用這份資料流。

而接下來要介紹的各種 multicast 類型的 operators 目標就是將 Cold Observable 轉成 Warm Observable，讓原來的資料流可以被多個觀察者共用。

connectable

Cold Observable 每次訂閱只會對應一個觀察者，因此也可以說成將資料播放（cast）給指定的唯一觀察者，應此也被稱為**單播**（unicast），

而 connectable 可以協助我們將單播的來源 Observable 物件變成**多播**（multicast）的行為。

connectable 也是建立類型的 operator，用來將傳入的單播的 Observable 物件轉變成 ConnectableObservableLike 物件，這個物件提供一個 connect() 方法，當呼叫此方法後，就會將來源 Observable 物件轉換成 Warm Observable。

範例程式：

```
1    import { interval, connectable } from 'rxjs';
2
3    const source$ = interval(1000);
4    const connectableSource$ = connectable(source$);
5
6    connectableSource$.subscribe(data => {
7      console.log(`connectable 示範第一次訂閱: ${data}`);
8    });
9
10   setTimeout(() => {
11     connectableSource$.subscribe(data => {
12       console.log(`connectable 示範第二次訂閱: ${data}`);
13     });
14   }, 5000);
15
16   setTimeout(() => {
17     connectableSource$.connect();
18   }, 3000);
19
20   // (等待 3 秒呼叫 connectableSource$.connect())
21   // connectable 示範第一次訂閱: 0
22   // connectable 示範第一次訂閱: 1
23   // connectable 示範第二次訂閱: 1
24   // connectable 示範第一次訂閱: 2
```

```
25    // connectable 示範第二次訂閱: 2
26    // connectable 示範第一次訂閱: 3
27    // connectable 示範第二次訂閱: 3
28    // connectable 示範第一次訂閱: 4
29    // connectable 示範第二次訂閱: 4
30    // ...
```

整體運作順序為:

- 第 5 行將來源 Observable 物件轉換成多播的 Observable 物件 connectableObservable$。
- 第 7 行訂閱 connectableObservable$，此時還不會收到事件資料。
- 第 3 秒後呼叫 connectableObservable$.connect()（第 17 行），原來 第 7 行的訂閱才開始收到資料。
- 第 5 秒後再次訂閱 connectableObservable$（第 12 行），由於它現在 是一個 Warm Observable，因此會共用同一個資料流，從目前事件資 料 1 開始，而不是 source$ 的從 0 開始。

彈珠圖（如圖 3-184）:

```
--0--1--2--3--4|  -> 此時是 Cold Observable

connectableSource$ = connectable(source$)

--0--1--2--3--4|  -> 此時是 Warm Observable

第一次訂閱:                     ----------0--1--2--3--4|
                              ^ 第一次訂閱時間點
第二次訂閱:                          1--2--3--4|
                                   ^ 第二次訂閱時間點
connectableSource$.connect():  --0--1--2--3--4|
                               ^ connect() 呼叫時間點
```

圖 3-184

呼叫 connect() 後會得到一個 Subscription 物件，讓我們可以一次退訂所有目前訂閱中的觀察者。

```
1    var subscription = connectableSource$.connect();
2    subscription.unsubscribe();
```

connectable 除了第一個參數指定來源 Observable 物件外，第二個參數可以針對產生出來的 Observable 物件做出細節的設定，第二個參數是一個物件，它包含兩個屬性：

- connector：用來產生 Observable 物件的工廠方法；必須回傳 Subject 系列的類別產生的物件。預設會回傳 Subject 類別實體，但也可以自己調整改成回傳其他 Subject 系列的類別實體如 ReplaySubject。

- resetOnDisconnect：布林值；用來決定資料流結束、或呼叫 connect() 的 Subscription 物件取消訂閱後的處理行為；
  - 如果為 true，會重新呼叫 connector 提供的工廠方法，也就是重新從 Cold Observable 的狀態開始，當下次呼叫 connect() 後會重新跟新的訂閱觀察者共享資料流，但不會跟舊的觀察者共享資料流。
  - 如果為 false，則會保持原來原來狀態，當下次呼叫 connect() 後，也會跟舊的觀察者繼續共享資料流。

這個參數的預設值為：

```
1    const DEFAULT_CONFIG = {
2      connector: () => new Subject(),
3      resetOnDisconnect: true,
4    };
```

我們來直接看看範例程式：

```
1    import { interval, connectable, Subject } from 'rxjs';
2
```

```
3    const source$ = interval(1000);
4    const connectableSource$ = connectable(source$, {
5      connector: () => {
6        console.log('建立 Subject');
7        return new Subject();
8      },
9      resetOnDisconnect: true
10   });
11
12   connectableSource$.subscribe(data => {
13     console.log(`connectable 示範第一次訂閱: ${data}`);
14   });
15
16   setTimeout(() => {
17     connectableSource$.subscribe(data => {
18       console.log(`connectable 示範第二次訂閱: ${data}`);
19     });
20   }, 5000);
21
22   setTimeout(() => {
23     var subscription = connectableSource$.connect();
24
25     setTimeout(() => {
26       subscription.unsubscribe();
27     }, 5000);
28   }, 3000);
29
30   setTimeout(() => {
31     var subscription = connectableSource$.connect();
32
33     connectableSource$.subscribe(data => {
34       console.log(`connectable 示範第三次訂閱: ${data}`);
35     });
36
37     setTimeout(() => {
```

```
38      connectableSource$.subscribe(data => {
39        console.log(`connectable 示範第四次訂閱: ${data}`);
40      });
41    }, 3000);
42
43    setTimeout(() => {
44      subscription.unsubscribe();
45    }, 5000);
46  }, 15000);
```

大部分的程式都跟之前相同，差別在第 6~10 行調整了一下程式，connector 一樣用預設的 Subject，resetOnDisconnect 也使用預設的 true，而在 27~39 行，則會在 15 秒後（此時原來的資料流已經結束）重新呼叫 connect() 以及訂閱第三次及第四次。

由於 reseteOnDisconnect 設定為 true，代表重新 connect() 後資料流已跟原來的前兩次訂閱無關，因此只有第三次和第四次訂閱收到事件資料。

此時輸出結果為：

```
1   建立 Subject
2   connectable 示範第一次訂閱: 0
3   connectable 示範第一次訂閱: 1
4   connectable 示範第二次訂閱: 1
5   connectable 示範第一次訂閱: 2
6   connectable 示範第二次訂閱: 2
7   connectable 示範第一次訂閱: 3
8   connectable 示範第二次訂閱: 3
9   connectable 示範第一次訂閱: 4
10  connectable 示範第二次訂閱: 4
11  建立 Subject
12  connectable 示範第三次訂閱: 0
13  connectable 示範第三次訂閱: 1
14  connectable 示範第三次訂閱: 2
```

```
15    connectable 示範第三次訂閱: 3
16    connectable 示範第四次訂閱: 3
17    connectable 示範第三次訂閱: 4
18    connectable 示範第四次訂閱: 4
19    建立 Subject
```

第 1 行：一開始呼叫 connector 來建立 Subject。

第 2~10 行：範例程式中的第一次和第二次訂閱。

第 11 行：範例程式中進行取消訂閱動作，此事會立刻重新呼叫 connector 來建立新的 Subject 物件。

第 12~18 行：由於產生了新的 Subject 物件，因此過去訂閱的觀察者就不會再共享 connectableSource$ 這個 Observable 物件資料流。

如果將 reseteOnDisconnect 設定為 false，代表重新 connect() 後整個 Observable 物件依然會與過去訂閱的觀察者共享資料流，因此這時候所有的觀察者都會收到事件資料。

resetOnDisconnect 設定為 false 的輸出結果：

```
1     建立 Subject
2     (前兩次訂閱省略...)
3     connectable 示範第一次訂閱: 0
4     connectable 示範第二次訂閱: 0
5     connectable 示範第三次訂閱: 0
6     connectable 示範第一次訂閱: 1
7     connectable 示範第二次訂閱: 1
8     connectable 示範第三次訂閱: 1
9     connectable 示範第一次訂閱: 2
10    connectable 示範第二次訂閱: 2
11    connectable 示範第三次訂閱: 2
12    connectable 示範第一次訂閱: 3
```

```
13    connectable 示範第二次訂閱: 3
14    connectable 示範第三次訂閱: 3
15    connectable 示範第四次訂閱: 3
16    connectable 示範第一次訂閱: 4
17    connectable 示範第二次訂閱: 4
18    connectable 示範第三次訂閱: 4
19    connectable 示範第四次訂閱: 4
```

第 3 行會發生在第 15 秒重新呼叫 connect() 之後，由於範例程式中的取消訂閱行為因為 resetOnDisconnect 設定為 false 的關係，不會重新建立新的 Subject 物件；因此第 3~19 行可以看到過去訂閱的觀察者也會再次收到資料流事件。

connectable 範例程式碼：

https://stackblitz.com/edit/rxjs-book-operators-connectable

圖 3-185

share

share 也是把來源 Observable 物件轉換成多播類型 Observable 物件的 operator，跟 connectable 有點類似，比較明顯的差別在於：

- share 是放在 pipe 內的 operator，而 connectable 是傳入參數後建立一個新的 Observable 物件。
- share 產生的資料流會在實際訂閱（呼叫 subscribe()）時才開始，而 connectable 的會在呼叫 connect() 後就開始。
- share 可以設定的參數與 connectable 類似，但參數比較多。

範例程式：

```
1   import { interval, share } from 'rxjs';
2
3   const source$ = interval(1000).pipe(
4     share()
5   );
6
7   setTimeout(() => {
8     source$.subscribe((data) => {
9       console.log(`share 示範 第一次訂閱: ${data}`);
10    });
11
12    setTimeout(() => {
13      source$.subscribe((data) => {
14        console.log(`share 示範 第二次訂閱: ${data}`);
15      });
16    }, 4500);
17  }, 3000);
18
19  // (第 3 秒訂閱後才開始資料流)
20  // share 示範 第一次訂閱: 0
21  // share 示範 第一次訂閱: 1
22  // share 示範 第一次訂閱: 2
23  // share 示範 第一次訂閱: 3
24  // (4.5 秒後訂閱，並共享同一條資料流)
25  // share 示範 第一次訂閱: 4
26  // share 示範 第二次訂閱: 4
27  // share 示範 第一次訂閱: 5
28  // share 示範 第二次訂閱: 5
29  // share 示範 第一次訂閱: 6
30  // share 示範 第二次訂閱: 6
31  // share 示範 第一次訂閱: 7
32  // share 示範 第二次訂閱: 7
```

彈珠圖（如圖 3-186）：

```
source$              ---0---1---2---3---4---5---6...

share()

第一次訂閱            ---0---1---2---3---4---5---6...
第二次訂閱                            -4---5---6...
                  ^  此時才開始資料流
                             ^  4.5 秒後訂閱同一個資料流
```

圖 3-186

share 內可以傳入一個設定物件當作參數，物件屬性包含：

- connector：用來產生 Observable 物件的工廠方法；必須回傳 Subject 系列的類別產生的物件，預設則是使用 Subject 類別。
- resetOnError：布林值；當資料流發生錯誤時是否要還原回原來的 Cold Observable 狀態。
- resetOnComplete：布林值；當資料流完成時是否要還原回原來的 Cold Observable 狀態。
- resetOnRefCountZero：布林值；當資料流不再有任何訂閱的觀察者時是否要還原回原來的 Cold Observable 狀態。

關於還原回 Cold Observable 狀態的概念，可以回頭參考 connectable 的範例。

share 範例程式碼：

https://stackblitz.com/edit/rxjs-book-2nd-operators-share

圖 3-187

shareReplay

shareReplay 與 share 類似，但多了與 ReplaySubject 一樣的重播功能，而它的背後運作實際上就是呼叫 share 並將 connector 參數設定成回傳 new ReplaySubject() 的結果，因此 shareReplay 可用的參數基本上與 ReplaySubject 大致相同。

- bufferSize：最多保留幾次最近的事件資料。
- windowTime：事件資料保留的時間（毫秒）。

範例程式：

```
1   import { interval, shareReplay } from 'rxjs';
2
3   const source$ = interval(1000).pipe(
4     shareReplay(2)
5   );
6
7   source$.subscribe(data => {
8     console.log(`shareReplay 示範 第一次訂閱: ${data}`);
9   });
10
11  setTimeout(() => {
12    source$.subscribe(data => {
13      console.log(`shareReplay 示範 第二次訂閱: ${data}`);
14    });
15  }, 5000);
16
17  // shareReplay 示範 第一次訂閱: 0
18  // shareReplay 示範 第一次訂閱: 1
19  // shareReplay 示範 第一次訂閱: 2
20  // shareReplay 示範 第一次訂閱: 3
21  // shareReplay 示範 第一次訂閱: 4
```

```
22    // (第二次訂閱發生時，先重播過去兩次的資料)
23    // shareReplay 示範 第二次訂閱: 3
24    // shareReplay 示範 第二次訂閱: 4
25    // (之後共用資料流)
26    // shareReplay 示範 第一次訂閱: 5
27    // shareReplay 示範 第二次訂閱: 5
28    // shareReplay 示範 第一次訂閱: 6
29    // shareReplay 示範 第二次訂閱: 6
```

彈珠圖（如圖 3-188）：

```
source$      ---0---1---2---3---4---5---6---7---...

shareReplay(2)

第一次訂閱    ---0---1---2---3-------5---6---7---...
第二次訂閱                      (345)---6---7---...
                          ^ 訂閱同時重播最近 2 次事件資料
```

圖 3-188

shareReplay 範例程式碼：

https://stackblitz.com/edit/rxjs-book-2nd-operators-
sharereplay

圖 3-189

04

實戰練習

▶ 4-1 自動完成、搜尋、排序、分頁功能

起始專案說明

由於本書是以介紹 RxJS 為主，因此不會花太多時間在畫面操作的程式碼上，相關程式碼已經先包裝起來，建立在起始專案內。如果想要跟著練習，可以 fork 一份到自己的帳號下，以便隨時記錄練習結果。

起始專案程式碼：

https://stackblitz.com/edit/rxjs-book-2nd-practice-search-starter

圖 4-1

同時提供這個範例完整版的程式碼，方便對照學習。

範例專案完整程式碼：

https://stackblitz.com/edit/rxjs-book-2nd-practice-search-finished

圖 4-2

❑ 預期功能及畫面

在這個範例中，我們要練習使用 GitHub Search API[1] 來依照指定的名稱搜尋 repositories，預期完成畫面（如圖 4-3）：

1　GitHub Search API：https://docs.github.com/en/rest/reference/search#search-repositories

Search		
rxjs Search		
Result		
10 ⌄		Previous Page · Next Page
Name	**Stars ▾**	**Forks**
ReactiveX/rxjs	24835	2548
Reactive-Extensions/RxJS	19689	2233
pubkey/rxdb	15596	713
onivim/oni	11458	340
cyclejs/cyclejs	9877	411
redux-observable/redux-observable	7641	488
Nozbe/WatermelonDB	7515	420
crimx/ext-saladict	7222	465
ngrx/platform	6788	1672
angular/angularfire	6737	1999

圖 4-3

畫面上會包含的功能：

- 依照關鍵字搜尋 GitHub repositories。
- 分頁功能，包含每頁幾筆及顯示第幾頁。
- 排序功能，可依照 stars 或 forks 進行排序。

同時還包含了「自動完成」的功能，輸入部分文字後，顯示可查詢 GitHub repository 建議（如圖 4-4）：

rx ▼	Search
ReactiveX/RxJava	
ReactiveX/rxjs	
Reactive-Extensions/RxJS	

圖 4-4

❑ 相關檔案說明

在起始專案的 index.html 內已經把基本的 HTML 都寫好了，另外在 index.ts 內也預先 import 了已經寫好的操作邏輯：

```
1    // 畫面上的 DOM 物件操作程式
2    import * as domUtils from './dom-utils';
3
4    // 存取 GitHub API 資料的程式碼
5    import * as dataUtils from './data-utils';
```

dom-utils.ts 內都是操作畫面的邏輯，但這不是主要練習的部分，現在前端 SPA 框架的盛行，不同框架會有不同的畫面操作方式，單純操作 DOM 物件其實是髒活，所以大概知道有些什麼功能就好：

- fillAutoSuggestions：顯示自動完成的建議內容。
- fillSearchResult：顯示搜尋結果。
- loading：當開始搜尋資料時，呼叫此方法將畫面遮罩，避免多餘的操作。
- loaded：當完成搜尋後，呼叫此方法隱藏畫面遮罩，以便進行其他操作。
- updatePageNumber：更新頁碼的畫面資訊。
- updateStarsSort：更新依照 stars 數量排序的畫面資訊。
- updateForksSort：更新依照 forks 數量排序的畫面資訊。

而在 data-utils.ts 內，則是 GitHub API 的呼叫，這裡使用 RxJS 內提供的 ajax 來抓取呼叫 API 的內容，並使用 map operator 來將需要的內容抓出來，例如「取得建議清單」的程式碼：

```
1    import { ajax } from 'rxjs/ajax';
2    import { map } from 'rxjs';
3
4    const baseUrl = `https://api.github.com/search/repositories`;
```

```
5
6    const toSuggestionList = (repositories) => {
7      return repositories.map(repository => repository.full_name)
8    };
9
10   export const getSuggestions = (keyword: string) => {
11     const searchUrl = `${baseUrl}?q=${keyword}&per_page=10&page=1`;
12     return ajax<any>(searchUrl).pipe(
13       map(response => response.response.items),
14       map(toSuggestionList)
15     );
16   };
17
```

第 6 行：由於收到的 repositories 是陣列資料，我們想用陣列的 map API
來整理資料，如果陣列的 map 程式碼放在 RxJS 的 map operator 內，在閱讀
上容易不小心造成誤解，因此將它的邏輯抽出來。

第 15 行：使用 map operator 將資料傳入 toSuggestionList 來拿到建議清
單，整體的閱讀可以變得比較語意化。

data utils.ts 內還有個 **getSearchResult** 方法，概念也是大同小異，程式碼
為：

```
1    const toSearchResult = (repositories) => {
2      return repositories.map(repository => ({
3        name: repository.full_name,
4        forks: repository.forks_count,
5        stars: repository.stargazers_count
6      }))
7    };
8
9    export const getSearchResult = (
10     keyword: string,
11     sort: string = 'stars',
```

```
12      order = 'desc',
13      page = 1,
14      perPage = 10) => {
15      const searchUrl =
16        `${baseUrl}?q=${keyword}&sort=${sort}&order=${order}`
17        + `&page=${page}&per_page=${perPage}`;
18
19      return ajax<any>(searchUrl).pipe(
20        map(response => response.response.items),
21        map(toSearchResult)
22      );
23    };
24
```

對程式碼架構有了基本概念後，就讓我們來實際把相關功能完成吧！

實作自動完成功能

接著我們先來實際做出自動完成的功能，自動完成要做的事情非常簡單，就是在打字時，呼叫 dataUtils.getSuggestions() 方法來取得要顯示的清單，並且呼叫 domUtils.fillAutoSuggestions() 更新畫面即可。

❏ 取得事件資訊

我們可以使用 fromEvent 來監聽輸入框的 input 事件：

```
1    const keyword$ =
2      fromEvent(
3        document.querySelector('#keyword'),
4        'input'
5      );
```

此時訂閱的話會得到 input 相關的事件，然而我們實際上需要關注的是輸入的內容，因此可以使用 map 來進行轉換：

```
1    const keyword$ =
2      fromEvent(
3        document.querySelector('#keyword'),
4        'input'
5      )
6      .pipe(
7        map(event => (event.target as HTMLInputElement).value)
8      );
```

這邊使用了 event.target 來取得事件來源的 DOM 物件，由於是一個 input 輸入框，因此可以使用 .value 來取得相關的值，as HTMLInputElement 是 TypeScript 的型別轉換，讓我們可以明確的知道 input 輸入框有哪些屬性可用。

到目前為止 keyword$ 就是一個「關鍵字內容的資料流」，我們可以再將此資料流搭配各種其他的 operators 來產生出不同的變化。

❏ 將事件轉換成查詢 Observable 物件

現在已經可以拿到輸入的關鍵字了，接下來要把關鍵字帶入 domUtils.getSuggestions() 方法來查詢，例如：

```
1    // 訂閱關鍵字事件
2    keyword$.subscribe(keyword => {
3      // 將資料傳入 domUtils.getSuggestions
4      // 取得建議清單事件並訂閱它
5      domUtils.getSuggestions(keyword)
6        .subscribe(suggestions => {
7          // 將資料結果填入畫面
8          domUtils.fillAutoSuggestions(suggestions);
9        });
10   });
```

不用多說，我應該盡量避免讓這種巢狀 subscribe() 出現，因此改用 switchMap operator 來協助我們「將某個事件值換成另一個 Observable 物件」：

```
1    keyword$
2      .pipe(
3        // 將關鍵字事件轉換成建議清單資料流
4        switchMap(keyword => dataUtils.getSuggestions(keyword))
5      )
6      .subscribe(suggestions => {
7        domUtils.fillAutoSuggestions(suggestions);
8      });
```

使用 switchMap 可以在來源資料變更時，退訂上一次的 Observable 物件訂閱，因此永遠會以最新的來源資料及轉換後的 Observable 物件為主，如此可以確保我們拿到的資料一定是最新的 keyword$ 事件轉換後的查詢結果。

這邊說明一下為何不使用其他 xxxMap 系列的 operators：

- concatMap：雖然會拿到最後的資料，但因為不會退訂上一次 Observable 訂閱的關係，需要等之前事件 keyword$ 變更後轉換的查詢都結束，會花費比較多時間。

- mergeMap：每次 keyword$ 有新事件都會立刻查詢，不退訂之前的 Observable 物件訂閱，加上 API 呼叫是非同步的關係，我們沒辦法確保最後一次收到的結果一定就是最新的查詢結果，因此查詢結果會不穩定。

- exhaustMap：在先前的查詢完成之前，有任何新的事件都會被忽略掉，因此只要事件更新前轉換的查詢還沒結束，就不會拿到新的 keyword$ 事件，自然也不會轉換成查詢 Observable 物件及取得結果。

此時已經可以透過關鍵字查詢相關的 GitHub repositories 建議了，接下來針對一些細節來調整。

避免資料一變更就查詢

GitHub API 在未驗證時會限制每分鐘只能進行 10 次查詢（有驗證時限制每分鐘 30 次查詢），這是為了保護伺服器被大量搜尋的機制，在實際應

用上，我們也應該要盡可能避免使用者產生大量的查詢，以免前端的大量操作造成後端的負擔太大，因此在這裡我們可以再加上一個 debounceTime operator，來避免一有新事件就查詢的問題：

```
1    keyword$
2      .pipe(
3        // 避免一有新事件就查詢
4        debounceTime(700),
5        switchMap(keyword => dataUtils.getSuggestions(keyword)),
6      )
7      .subscribe(suggestions => {
8        domUtils.fillAutoSuggestions(suggestions);
9      });
```

debounceTime 可以在指定的時間內都沒有新事件發生後，才讓目前最後一次的事件值繼續進入下一個 operator 操作，透過這種方式，就可以避免一直打字一直查詢的問題。

避免重複文字查詢

想像一下，假設目前輸入的內容是「rxjs」，並且已經完成一次建議清單的查詢，接著我們繼續輸入變成「rxjsdemo」，但想了一下又刪掉變回「rxjs」，然後 debounceTime 指定的時間才過去，新的事件資料跟上一次的事件資料一樣都是「rxjs」，如果資料其實並沒有改變，還需要再進行一次查詢嗎？這時候當然就可以省略不查詢了，此時可以使用 distinctUntilChanged operator，只有當新的事件值與上一次的事件值不同時，才會繼續讓事件發生：

```
1    keyword$
2      .pipe(
3        debounceTime(700),
4        // 避免重複的查詢
5        disintctUntilChanged(),
6        switchMap(keyword => dataUtils.getSuggestions(keyword)),
```

```
7        )
8        .subscribe(suggestions => {
9          domUtils.fillAutoSuggestions(suggestions);
10       });
```

如果要避免資料重複，為何不使用 distinct 呢？以我們的需求來說，當我把資料變更成「rxjsdemo」時，如果有產生新的查詢，下一次變更回「rxjs」時，由於 distinct 的設計是「整個資料流的事件值不會重複」，因此「rxjs」事件值在整個資料流過程已經發生過了會被忽略掉，導致沒有正確進行查詢。

而使用 distinctUntilChanged，則只有跟「上一次」事件值相同才會忽略，因此可以避免掉 distinct 的問題。

避免查出不精準的內容

在資料變更就查詢建議清單這部分，如果不管資料長度都一律進行搜尋，就會導致一開始只輸入一個「r」這樣的簡單資料時就會開始進行搜尋，而得到比較不精準的內容，因此可以再做個調整，讓查詢內容大於某個長度時才進行搜尋，例如至少要 3 個字，此時使用最基本的 filter operator 就可以了：

```
1     keyword$
2       .pipe(
3         debounceTime(700),
4         disintctUntilChanged(),
5         // 避免內容太少查出不精準的結果
6         filter(keyword => keyword.length >= 3),
7         switchMap(keyword => dataUtils.getSuggestions(keyword)),
8       )
9       .subscribe(suggestions => {
10        domUtils.fillAutoSuggestions(suggestions);
11      });
```

透過這些 operators 的協助，就能設計出兼顧效能及準度的自動建議功能，
同時可讀性會很高。

像這樣的程式碼，可以想想看沒有各種 operators 加持的情況下，要判斷多
少狀態、條件，而有了 RxJS 及各種 operators，真的可以幫助我們大幅減少
許多程式碼的撰寫！

實作關鍵字搜尋功能

關鍵字的建議及自動完成功能搞定了，接著讓我們來針對關鍵字進行搜尋，
這裡我們希望按下「Search」按鈕時，才針對我們要的關鍵字進行查詢：

❏ 取得事件資訊

一樣的，我們可以使用 fromEvent 來將按鈕事件包裝成 Observable 物件：

```
1    const search$ = fromEvent(
2      document.querySelector('#search'),
3      'click'
4    );
```

接著我們就需要在事件發生時，依照輸入的關鍵字進行搜尋。

❏ 將事件轉換成查詢 Observable 物件

我們一樣可以透過 switchMap 來將按鈕事件轉換成查詢資料的 Observable 物
件訂閱：

```
1    search$.pipe(
2      switchMap(_ => {
3        const input = document
4          .querySelector('#keyword') as HTMLInputElement;
5        return dataUtils.getSearchResult(input.value);
6      })
7      .subscribe(result => {
```

```
8          domUtils.fillSearchResult(result);
9      });
10
```

第 2 行程式使用 switchMap 將事件轉換成查詢的 Observable 物件，裡面的參數是在第 3 行直接取得輸入框 DOM 物件資料。

而關鍵字內容這部分，我們已經有一個 keyword$ 的資料流了，不多加運用實在很可惜：

```
1    const searchByKeyword$ = search$.pipe(
2      switchMap(() => keyword$),
3      switchMap(keyword => dataUtils.getSearchResult(keyword))
4    );
5
6    searchByKeyword$.pipe(
7      switchMap(keyword => dataUtils.getSearchResult(keyword))
8    ).subscribe(result => {
9      domUtils.fillSearchResult(result);
10   });
```

我們建立了一個 searchByKeyword$ 的 Observable 物件，它會：

1. 當搜尋按鈕按下時，轉換成 keyword$ Observable 物件。
2. 當 keyword$ Observable 有新事件時，轉換查詢用的 Observable 物件。

看起來似乎合理，但其實有兩個問題：

1. 轉換為 keyword$ 後，還沒有新的事件發生，因此不會進行查詢，需要等 keyword$ 有新事件才會查詢。
2. 因為 keyword$ 資料流不會結束 (因為隨時可能輸入新的文字)，因此搜尋按鈕事件發生後，每次 keyword$ 有新事件都會變成查詢，這不是我們要的，我們希望拿到最新的關鍵字後直接進行查詢，然後結束。

接著我們來解決這兩個問題。

共享關鍵字資料流

由於轉換成 keyword$ 後，需要等待新事件才會進行查詢，我們希望能立刻
得到最後一次事件資料，因此我們可以使用 shareReplay(1) 將 keyword$ 的
最後 1 次事件資料共享出來：

```
1    const keyword$ = fromEvent(
2       document.querySelector('#keyword'),
3       'input'
4     )
5     .pipe(
6       map(event => (event.target as HTMLInputElement).value),
7       // 共享最後一次事件資料
8       shareReplay(1)
9    );
```

將原來的 $keyword 加上 shareReplay(1) 可以確保每次訂閱時會先拿到事件
的最後一筆資料。

為何不使用 share() 呢？由於 share() 實際上是建立一個 Subject，而
Subject 的特性是訂閱後需要等它有新事件才會得到資料，因此一樣會需要
等待新的事件發生；shareReplay() 會建立 ReplaySubject，它會依照設定紀
錄最近 N 次事件資料，比較符合需求。

確保 switchMap 內資料流會結束

確定可以拿到 keyword$ 最後一次事件資料後，接著來處理事件不會結束的
問題，這個問題很好解決，使用 take 就好。take 可以在訂閱後取得前 N 次
事件資料，然後結束資料流。因此只需要設定成 **1**，就可以在拿到第一次資
料後結束：

```
1    const keywordForSearch$ = keyword$.pipe(
2       // 取得一次資料流事件後結束
3       take(1)
```

```
4     );
5     const searchByKeyword$ = search$
6       .pipe(switchMap(() => keywordForSearch$));
```

現在的預期流程會變成：

1. 當搜尋按鈕按下時，search$ 有被訂閱的話會得到新的事件。
2. 將此事件透過 switchMap 切換成 keywordForSearch$ Observable 物件訂閱。
3. keywordForSearch$ 的訂閱會取得關鍵字 keyword$ 最近一次的事件，而且只會取得一次事件資料。

❑ 排除按鈕事件比關鍵字事件早發生的問題

最後還有一個問題：當搜尋按鈕按下時，如果 keyword$ 還沒有任何事件資料發生過，那麼轉換後的 keywordForSearch$ 就不會立刻結束，此時會變成按下按鈕後，還要變更搜尋文字才會進行查詢，這是不合理的，因此我們要給 keyword$ 資料流一個初始資料，此時可以使用 startWith：

```
1     const keyword$ = fromEvent(
2       document.querySelector('#keyword'),
3       'input'
4     )
5     .pipe(
6       map(event => (event.target as HTMLInputElement).value),
7       // 讓資料流有初始值
8       startWith(''),
9       // 共享最後一次事件資料
10      shareReplay(1)
11    );
```

有了初始資料後，還需要避免空字串的查詢，因此在搜尋的部分加上 filter 過濾掉空字串事件：

```
1    const searchByKeyword$ = search$
2      .pipe(
3        switchMap(() => keywordForSearch$),
4        // 排除空字串查詢
5        filter(keyword => !!keyword)
6      );
7
8    searchByKeyword$
9      .pipe(
10       switchMap(keyword => dataUtils.getSearchResult(keyword))
11     )
12     .subscribe(...);
```

如此一來，就將「關鍵字變更的資料流（keyword$）」和「按鈕事件的資料流（search$）」整合成了「依照關鍵字進行搜尋（searchByKeyword$）」的資料流囉。

實作排序與分頁功能

最後我們將分頁與排序都整合進搜尋功能，讓整個畫面功能更加完整！

❑ 建立搜尋條件的 Observable 物件

之前已經有 searchByKeyword$ 依照關鍵字查詢的 Observable 物件了，接著我們還要將排序、分頁等條件轉換成 Observable 物件。

取得排序相關事件

在排序部分，我們希望預設能以 stars 數量降冪排序，也就是預設 stars 越多的越前面，同時能針對 stars 和 forks 進行升冪／降冪排序，stars 和 forks 是兩個不同的欄位，但排序是「一個資訊」，因此我們可以使用 Subject 系列類別，來建立 Hot Observable 物件，並分別訂閱兩個欄位的相關事件，來改變 這個 Subject 資訊。

由於需要有一個預設的排序條件，同時在改變排序時也會需要這個排序資訊來決定下一次的排序方式，因此可以選擇使用 BehaviorSubject：

```
1    // 建立 BehaviorSubject，預設使用 stars 進行降冪排序
2    const sortBy$ =
3      new BehaviorSubject({ sort: 'stars', order: 'desc' });
```

接著訂閱畫面上 stars 和 forks 欄位的點擊事件，來改變這個 sortBy$ 的事件值：

```
1    const sortBy$ =
2      new BehaviorSubject({ sort: 'stars', order: 'desc' });
3
4    const changeSort = (sortField: string) => {
5      if (sortField === sortBy$.value.sort) {
6        sortBy$.next({
7          sort: sortField,
8          order: sortBy$.value.order === 'asc'
9            ? 'desc'
10           : 'asc'
11       });
12     } else {
13       sortBy$.next({
14         sort: sortField,
15         order: 'desc'
16       });
17     }
18   };
19
20   fromEvent(
21     document.querySelector('#sort-stars'),
22     'click'
23   ).subscribe(() => {
24     changeSort('stars');
25   });
```

```
26
27   fromEvent(
28     document.querySelector('#sort-forks'),
29     'click'
30   )
31   .subscribe(() => {
32     changeSort('forks');
33   });
```

在 changeSort() 方 法 裡 面 ， 我 們 可 以 直 接 使 用 sortBy$.value 得 到 BehaviorSubject 最近的事件值，並依此判斷接下來排序的規則。

取得每頁幾筆的事件

接著我們處理「每頁顯示幾筆」的下拉選單，可以很容易的使用 fromEvent 來將下拉選單的事件資料進行轉換，這部分跟 keyword$ 非常類似，差別只 在處理的來源和事件不同而已：

```
1   const perPage$ = fromEvent(
2     document.querySelector('#per-page'),
3     'change')
4   .pipe(
5     map(event => {
6       const input = event.target as HTMLSelectElement;
7       return +input.value;
8     })
9   );
```

取得切換頁碼事件

最後是切換頁碼，實際上是「上一頁」和「下一頁」兩個按鈕，頁數分別 會「減 1」和「加 1」，因此我們可以分別把按鈕事件資料設定成 1 和 -1， 以便使用來計算下一頁的頁碼：

```
1    const previousPage$ = fromEvent(
2      document.querySelector('#previous-page'),
3      'click'
4    ).pipe(
5      map(() => -1)
6    );
7
8    const nextPage$ = fromEvent(
9      document.querySelector('#next-page'),
10     'click'
11   ).pipe(
12     map(() => 1)
13   );
```

接著我們可以把這兩個 Observable 物件使用 merge 組合成一個新的
Observable 物件，並使用 scan 來變更頁碼資訊：

```
1    const page$ = merge(previousPage$, nextPage$).pipe(
2      scan((currentPageIndex, value) => {
3        const nextPage = currentPageIndex + value;
4        return nextPage < 1 ? 1 : nextPage;
5      }, 1)
6    );
```

透過這種方式，未來要加上「下 5 頁」、「上 10 頁」等功能，也很容易，只
要再加入一個新的 Observable 物件決定頁碼要加減多少頁，通通用 merge
合併成一個對頁碼調整的 Observable 物件即可。

❏ 將搜尋條件的 Observable 物件組合

所有查詢相關的資料來源都準備完畢後，最後我們只需要把這些條件組合
在一起就可以了，我們需要將每個事件最後一次的資訊組合成查詢條件，
因此可以使用 combinteLatest 來組合每個資料流最後的事件值，再將這些
資料丟給 dataUtils.getSearchResult() 查詢：

```
1    // 開始進行搜尋的相關條件
2    const startSearch$ = combineLatest({
3      keyword: searchByKeyword$,
4      sort: sortBy$,
5      page: page$,
6      perPage: perPage$
7    });
8
9    // 依照搜尋條件進行搜尋
10   const searchResult$ = startSearch$.pipe(
11     switchMap(({keyword, sort, page, perPage}) =>
12       getSearchResult(
13         keyword, sort.sort, sort.order, page, perPage)
14     )
15   );
16
17   // 訂閱查詢結果並更新畫面
18   searchResult$.subscribe(result => {
19     domUtils.fillSearchResult(result);
20   });
```

由於 combineLatest 是將所有 Observable 物件資料流的「最後一次事件」組合起來，因此若某個資料流還沒發生過事件，整個 combineLatest 組合的 Observable 物件資料流都還不會有事件值，在目前 page$ 和 perPage$ 都沒有起始資料，因此就算按下搜尋，還不會有任何反應，所以最後針對 page$ 和 perPage$ 再使用 startWith 給予初始資料：

```
1    // 開始進行搜尋的相關條件
2    const startSearch$ = combineLatest({
3      keyword: searchByKeyword$,
4      sort: sortBy$,
5      // 給予 page$ 初始資料
6      page: page$.pipe(startWith(1)),
7      // 給予 perPage$ 初始資料
```

```
8        perPage: perPage$.pipe(startWith(10))
9      });
```

基本的查詢、分頁和排序功能就算是完整了，接著再來調整一些呈現的細
節。

❑ 顯示頁碼 / 排序資訊

這部分很簡單，訂閱原來的產生好的事件，然後把事件資訊更新到畫面上
就好：

```
1    page$
2      .subscribe(page => {
3        domUtils.updatePageNumber(page);
4      });
5
6    sortBy$
7      .pipe(filter(sort => sort.sort === 'stars'))
8      .subscribe(sort => {
9        domUtils.updateStarsSort(sort);
10     });
11
12   sortBy$
13     .pipe(filter(sort => sort.sort === 'forks'))
14     .subscribe(sort => {
15       domUtils.updateForksSort(sort);
16     });
```

查詢中的遮罩畫面

接下來我們需要在查詢資料時呼叫 domUtils.loading() 遮罩畫面，並在查詢
結束時呼叫 domUtils.loaded() 隱藏遮罩。

startSearch$ 是用來產生查詢條件的整個資料流,我們可以訂閱它,在開始查詢前進行遮罩動作:

```
1    startSearch$
2      .subscribe(() => {
3        domUtils.loading();
4      });
```

查詢結束完成後,我們可以在更新畫面資料後將遮罩隱藏,因此在原來 searchResult$ 訂閱裡面加入隱藏遮罩程式即可:

```
1    searchResult$
2      .subscribe(result => {
3        domUtils.fillSearchResult(result.data);
4        domUtils.loaded();
5      });
```

錯誤處理

當查詢過程發生錯誤時,整條訂閱的 Observable 物件資料流會完全中斷,這也代表如果中途產生無法處理的錯誤,會造成之後無法繼續進行查詢作業,為了避免這個問題,我們可以使用 catchError() 來攔截 searchResult$ 的結果並處理錯誤:

```
1    searchResult$
2      .pipe(
3        // 處理搜尋事件的錯誤,以避免整個資料流從此中斷
4        // 當發生錯誤時,回傳空白資料
5        catchError(() => of([]))
6      )
7      .subscribe(result => {
8        domUtils.fillSearchResult(result);
9        domUtils.loaded();
10     });
```

乍看之下沒什麼問題，當 searchResult$ 發生錯誤時，攔截錯誤並給予空陣列，這樣便可以確保訂閱的 next() callback function 可以收到資料，但 catchError() 會讓目前資料流剩下一個空陣列的資料然後結束，因此依然會讓整個訂閱結束，而導致無法繼續查詢。

這時候就要朝錯誤的源頭下手，也就是 startSearch$.pipe(switchMap(...)) 內的 Observable 物件，在這裡面進行錯誤處理，才不會讓整個 Observable 物件訂閱被結束，所以我們把查詢的程式拉出來，並加上錯誤處理機制：

```
1    const getSearchResult = (
2      keyword: string,
3      sort: string,
4      order: string,
5      page: number,
6      perPage: number
7    ) =>
8      dataUtils
9        .getSearchResult(keyword, sort, order, page, perPage)
10       .pipe(
11         // 從查詢開始處理錯誤
12         catchError(() => of([]))
13       );
```

如此一來，每次要進行查詢時就會得到一個包含錯誤處理功能的 Observable 物件，避免整個流程結束掉。

顯示錯誤訊息

上個階段我們已經能處理錯誤了，但目前只是當錯誤發生時查不到資料而已，使用者感覺不出有錯誤發生，因此我們需要提示錯誤訊息，最簡單的方式是在 catchError() 內直接進行提示：

```
1    const getSearchResult = (
2      keyword: string,
```

```
3      sort: string,
4      order: string,
5      page: number,
6      perPage: number
7    ) =>
8      dataUtils
9        .getSearchResult(keyword, sort, order, page, perPage)
10       .pipe(
11         // 從查詢開始處理錯誤
12         catchError((error) => {
13           alert(error.response.message);
14           return of([]);
15         })
16       );
```

不過這是一個有 side effect 的操作，所以可以換個方式，把資料包裝起來，
當錯誤發生時，加上一個錯誤的 flag：

```
1    const getSearchResult = (
2      keyword: string,
3      sort: string,
4      order: string,
5      page: number,
6      perPage: number
7    ) =>
8      dataUtils
9        .getSearchResult(keyword, sort, order, page, perPage)
10       .pipe(
11         // 正常收到資料時，將資料包裝起來且 success 設成 true
12         map(result =>
13           ({ success: true, message: null, data: result })),
14         catchError((error) => {
15           // 發生錯誤時，將資料包裝起來且 success 設成 false
16           // 同時傳遞錯誤資訊，讓後續訂閱可以處理提示
17           return of({
18             success: false,
```

```
19              message: error.response.message,
20              data: []
21          })
22      }));
```

這麼一來就可以保留整個流程，直到訂閱時在進行處理，原來訂閱是直接拿 result 去更新，現在 result 變成包含是否成功資訊的物件，因此只要調整程式變成使用 result.data 來更新畫面：

```
1   searchResult$
2     .subscribe(result => {
3       // 原來的 result 改變了，因此取其中的 data 就好
4       domUtils.fillSearchResult(result.data);
5       domUtils.loaded();
6     });
7
```

除此之外，也要判斷 result.success 來決定是否提示錯誤訊息，為了不要讓錯誤處理和一般畫面處理的程式混在一起，我們可以另外訂閱一次 searchResult$，並搭配 filter 只保留有錯誤的結果，變成一條「專門用來處理錯誤」的資料流：

```
1   // 處理錯誤提示
2   searchResult$
3     .pipe(
4       filter(result => !result.success)
5     ).subscribe(result => {
6       alert(result.message);
7     });
```

把「顯示資料」和「錯誤處理」當作兩個不同的資料來源處理，可以讓我們在撰寫與閱讀程式時更加專注在原本的意圖上。

最後需要注意的是，searchResult$ 因為針對不同情境處理而被訂閱了兩次，而原來的 searchResult$ 是 Cold Observable，且其中有 ajax 的呼叫，

代表每次訂閱都會重跑一次 ajax，這麼一來 API 呼叫就會重複，造成不必要的浪費，所以最後在 searchResult$ 補上 share，讓資料流共享給所有觀察者：

```
1   const searchResult$ = startSearch$.pipe(
2     switchMap(({keyword, sort, page, perPage}) =>
3       getSearchResult(
4         keyword, sort.sort, sort.order, page, perPage)
5     ),
6     // searchResult$ 有多次訂閱
7     // 因此使用 share 避免重複請求資料
8     share()
9   );
```

在前面 keyword$ 示範時使用 shareReplay(1) 是因為訂閱時機會隨著按鈕事件的 switchMap 訂閱時間而不同，且需要最後一次事件的資訊以便後續可以取得。

在這裡使用 share 則是因為所有訂閱會同步發生，且沒有使用最後一次事件資訊需要的關係；當然，要在這裡使用 shareReplay(1) 在邏輯上也是完全沒問題的。

⏰ 小提示：

到此為止我們已經網頁上常見的查詢、分頁、排序等功能以及背後的遮罩、錯誤處理等機制都完成了，可以發現到使用 RxJS 在開發時，會先把許多事件來源先準備好，之後只需要依照不同的情境搭配 operators 來轉換、組合這些事件來源，一個個的功能就自然而然堆積起來了。

如果你是經常想到哪裡寫到哪裡的開發者，可能會不太適應這樣的思考方向，但當你習慣這種資料流以及操作資料流的思維後，相信你一定會愛上這種先準備好零件，然後一口氣組裝完成的感覺！

▶ 4-2 Flux Pattern

Flux Pattern 簡介

在現代化網頁常用的 SPA 架構下，我們已經非常習慣將畫面上的眾多內容拆成許多小的元件，讓它們可以各司其職，最後再組合起來，也因此不論是 Angular、React 還是 Vue 這些目前當紅的前端架構都以元件化設計為基礎，然而當畫面越來越複雜時，元件跟元件之間的溝通就成為了一個問題；負責處理資料的元件可能需要將資料一路傳到下面好幾層負責顯示內容的子元件，讓管理上變得更加麻煩且複雜（如圖 4-5）：

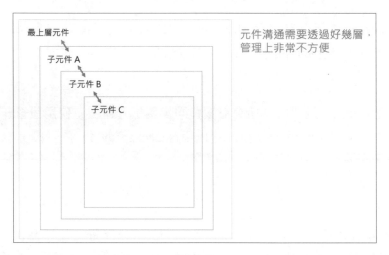

圖 4-5

因此 Facebook 提出了 Flux[2] 架構，並內建在 React 內，統一了資料的來源，及資料處理流向，讓我們能用更加一致的方法去管理資料，以及得知資料變更的結果，並更新在畫面上。

2　Flux 架構說明：https://facebook.github.io/flux/

❏ Flux Pattern 重要角色

先看一下 Flux Pattern 的基本流程（如圖 4-6）：

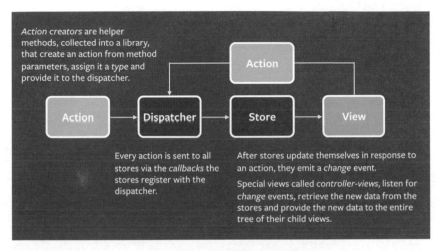

圖 4-6 資料來源：https://facobook.github.io/flux/docs/in-depth-overview/

Flux Pattern 包含幾個重要角色：

- **View**：負責畫面顯示，也就是網頁上的各個元件。
- **Action**：負責定義要執行的行為，Action 只負責定義行為類型（type）和所需的資料（payload），但不會參與變更資料的邏輯實作，通常由 View 或其他邏輯程式負責發起這個 Action。
- **Dispatcher**：用來分配對應各個行為應該執行的資料處理的方法，Dispatcher 會根據 Action 的內容不同來對資料進行不同的處理，也就是實際負責讓資料被改變的角色。
- **Store**：資料來源，也是 Dispatcher 實際要變更的目標，當 Store 資料被變更時，也需要負責告知 View 資料被異動了，View 才知道需要更新畫面。實際上不止 View 需要知道 Store 內容異動，只要使用到 Store 資料的程式，都應該需要知道資料被改變了，以便進行對應處理。

❏ Flux Pattern 資料流向

在 Flux Pattern 中，所有的資料以及行為流向都是單向的。

首先，會由 View 負責將一個 Action 傳遞給 Dispatcher（如圖 4-7）：

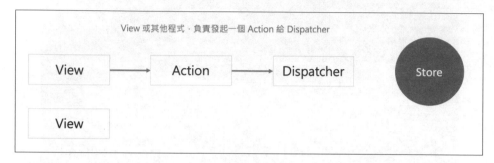

圖 4-7

> ⏰ 小提示：
>
> 我們也可以用口語的方式去解讀：畫面 (View) 發出 (Dispatch) 了一個動作 (Action)

Dispatcher 收到 Action 後，再針對 Action 提供的資訊來決定如何更新 Store 資料來源（如圖 4-8）：

圖 4-8

當 Store 資料更新後,所有使用到 Store 資料的程式(例如 View)都需要知道資料被更新了,以便進行後續操作(如圖 4-9):

圖 4-9

透過這樣單向資料流的方式,我們能更容易理解資料傳遞的流向,而每個角色也只需要負責自己該做的事情:

- View 只需要負責發起 Action 就好,不用擔心資料變更的邏輯。
- Action 只負責定義提供給 Dispatcher 的資料就好,不用實際參與資料變更邏輯。
- Dispatcher 負責實際資料變更的邏輯,它只需要專注在如何根據 Action 類型的不同來更新 Store 資料,不用去管誰需要這些資料,或是畫面如何操作。
- Store 專注在保存資料以及提供資料給需要的程式。

乍看之下拆出了很多角色讓程式變得更加複雜,但實際上當程式越來越複雜,元件與元件之間的溝通越來越多時,拆成數個權責單元,各自處理各自的事情在閱讀和維護上都會更加容易。

另外一種應用是,在程式開發的初期,也可以先依照需求規畫好要處理哪些 Action、Store 的資料結構、如何從 Store 取得資料等等,就可以開始進行工作,等到資料變更的邏輯明確後,再進入 Dispatcher 的開發。

使用 Flux Pattern 的另一個好處是，由於資料來源統一放在 Store 裡面，
這代表當元件很複雜時，我們可以不用考慮元件跟元件之間該如何傳遞資
訊，只需要統一跟 Store 溝通就好，資料來源單一，管理上會也更加容易
（如圖 4-10）：

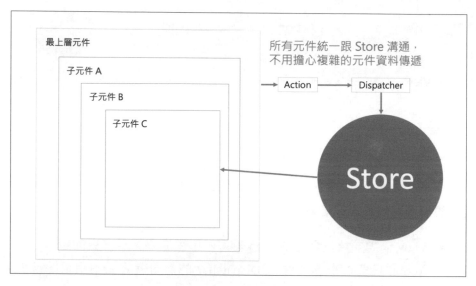

圖 4-10

有了基本的 Flux Pattern 觀念後，應該不難發現中間會有不少事件處理，例
如分配 Action 的事件、Store 變更的事件等等，這種需要事件處理的功能很
適合搭配 RxJS 來完成。

起始專案說明

接著我們來使用 RxJS 實作簡單的 Flux Pattern 程式，並將它應用在一個
Todo List 的範例程式上。

我們主要目的一樣是以練習 RxJS 使用為主，因此將畫面操作等行為都先整
理好了，放在起始專案內。

起始專案程式碼：

https://stackblitz.com/edit/rxjs-book-2nd-practice-flux-pattern-
starter

圖 4-11

以及最終完成的全部程式碼。

範例專案完整程式碼：

https://stackblitz.com/edit/rxjs-book-2nd-practice-flux-pattern-
finished

圖 4-12

先看一下預期完成的畫面（如圖 4-13）：

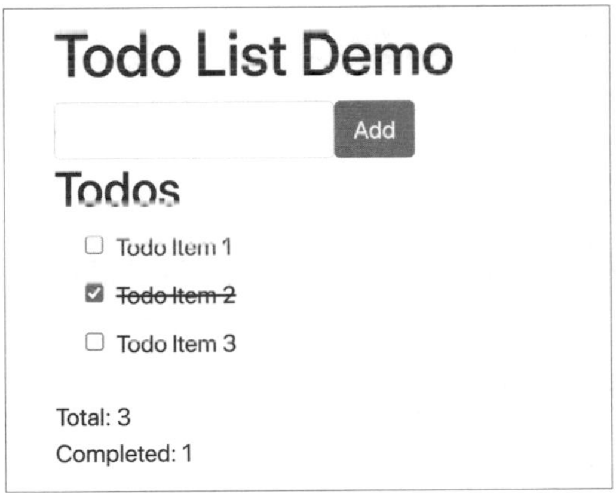

Todo List Demo

| | Add |

Todos

- ☐ Todo Item 1
- ☑ ~~Todo Item 2~~
- ☐ Todo Item 3

Total: 3
Completed: 1

圖 4-13

這是一個簡單的待辦事項清單（Todo List）程式，功能包含：

- 顯示目前全部的待辦事項清單。
- 可以新增待辦事項。

- 可勾選已完成的待辦事項，也可取消勾選。
- 顯示待辦事項的總數量與完成數量。

❏ 虛擬的元件架構

雖然沒有使用如 Angular 等前端框架，但我們依然可以虛擬的想像成有幾個
元件，讓這些元件各自處理各自的事情。如圖，可以想像畫面有三個主要
元件（如圖 4-14）：

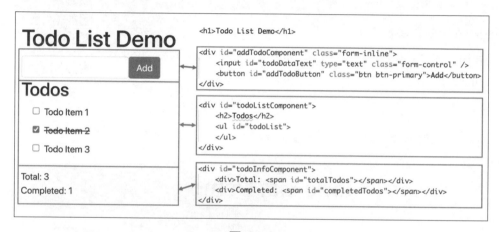

圖 4-14

我們接下來的目標就是撰寫程式讓這些元件之間溝通無障礙。

實作資料來源 - Store

首先我們要實作一個資料來源 Store，用來統一管理所有相關資料，在 RxJS
內，要得知資料改變再容易不過了，只要建立一個 Observable 物件，之後
在需要時就可以直接訂閱這個 Observable 物件來得知內容改變，至於要選
用哪種類型的 Observable 物件呢？

考量到未來 Dispatcher 要更新資料時，我們會需要 Store 內的資料，因此使
用 BehaviorSubject，這麼一來不僅可以立刻給予一個初始的預設內容，也

可以使用 value 屬性隨時得知目前最新的內容。因此在練習專案內我們打開 todo-store/todo-store.ts 建立一個 BehaviorSubject，作為未來的資料來源：

```
1    import { BehaviorSubject } from 'rxjs';
2
3    export interface TodoState {
4      loading: boolean;
5      todos: {
6        id: number;
7        name: string;
8        done: boolean;
9      }[]
10   }
11
12   export const store$ = new BehaviorSubject<TodoState>({
13     loading: false,
14     todos: []
15   });
```

第 3~10 行：透過 TypeScript 的 interface 功能幫助我們先把需要的欄位定義好成為資料模型。

第 12~15 行：實際上建立一個 BehaviorSubject，並給予初始狀態資料。

在元件顯示資料部分，考量到每個元件產生的時機點可能不同，因此訂閱 Observable 物件的時機也不同，如果想要在元件產生時訂閱資料來源就能取得最新的資料，使用 ReplaySubject 是一個比較好的選擇，但在 Store 內使用 BehaviorSubject 比較方便處理，該怎麼辦呢？

由於 Strore 外的目標是使用 Observable 物件，而不會直接改變狀態，因此我們可以先使用 asObservable() 讓 Subject 的 next() 等行為隱藏起來，再搭配 shareReplay(1) 來讓外部程式訂閱時能得到最近一次的 Store 事件資料，因此我們打開 todo-store/index.ts 設定外部程式可以使用的內容：

```
1    import { shareReplay } from 'rxjs';
2    import { store$ as storeSubject$ } from './todo-store';
3
4    export const store$ = storeSubject$
5      .asObservable()
6      .pipe(
7        shareReplay(1)
8      );
```

未來在畫面上想要知道 Store 資料時，可以統一使用 todo-store/index.ts 中的 store$，使用這個 Observable 物件就不用擔心呼叫到 next() 來變更資料，也可以在訂閱時取得最近一次的事件資料內容，例如：

```
1    import { store$ } from './todo-store';
2    import { map } from 'rxjs';
3
4    // 訂閱 store$，當資料改變時可即時收到通知
5    store$
6      .pipe(
7        // 透過 map operator，可以只專注在想要的資料上
8        map(store => store.todos)
9      ).subscribe(todos => {
10       // 當 store$ 資料變更後，在此更新畫面
11     });
```

實作執行動作 - Actions

接著來設計要更新資料的行為，預計會有三個行為要處理，包含：

- 設定全部的待辦事項清單。
- 新增待辦事項到清單內。
- 變更待辦事項的完成狀態。

我們先打開 todo-store/todo-action-types.ts 設定好要處理的 Action 類型：

```
1    export class TodoActionTypes {
2      static LoadTodoItems = '[Todo List] Load Todo Items';
3      static AddTodoItem = '[Todo List] Add Todo Item';
4      static ToggleTodoItem = '[Todo List] Toogle Todo Item'
5    };
```

TodoActionTypes 主要是用來定義有哪些 Action 可用，以便之後 Dispatcher 可以透過這些資訊決定要如何更新內容。

接著打開 todo-store/todo-actions.ts 來建立幾個產生這些 Action 的方法：

```
1    import { TodoActionTypes } from './todo-action-types';
2
3    export const loadTodoItemsAction = () => {
4      return {
5        type: TodoActionTypes.LoadTodoItems,
6        payload: null
7      };
8    }
9
10   export const addTodoItemAction = (payload) => {
11     return {
12       type: TodoActionTypes.AddTodoItem,
13       payload
14     }
15   }
16
17   export const toggleTodoItemAction = (payload) => {
18     return {
19       type:TodoActionTypes.ToggleTodoItem,
20       payload
21     }
22   }
```

每個方法都會設定目前 Action 的類型，同時提供要傳入的資訊 payload，之後 Dispatcher 可以判斷哪些 Action 要執行那程式，並以 payload 當做參數，針對 payload 內容來改變 Store 的資料，例如 addTodoItemAction() 的目標是新增待辦事項文字，因此我們在程式內設定 Action 類型是 TodoActionTypes.AddTodoItem 時，且 payload 就是要新增的待辦事項文字。

最後在 todo-store/index.ts 內統整這些程式，讓外部程式可以 import 這些建立 Action 的方法：

```
1    export * from './todo-actions';
```

變更資料的實際邏輯 - Dispatcher

在 Dispatcher 這邊，我們稍微複製一點 Redux[3] 的概念，加入一個 Reducer 的角色，Dispatcher 會將目前資料以及 Action 傳給 Reducer，而 Reducer 負責回傳一個新的結果，Dispatcher 再把得到的新結果將 Store 更新。

❑ Reducer 邏輯

先打開 todos-store/todo-reducer.ts 加入預設的 Reducer 處理程式：

```
1    import { of } from 'rxjs';
2    import { TodoActionTypes } from './todo-action-types';
3
4    // currentState: 目前 store 內的資料
5    // action: 要執行的 Action
6    export const todoReducer = (currentState, action) => {
7      switch (action.type) {
8        // TODO: 針對 action.types 來決定要如何更新資料
9        // case TodoActionTypes.XXXX: {
```

---

3   Redux 介紹：https://redux.js.org/

```
10       //     return
11       // }
12     }
13     // 如果沒有可以處理的 action type，直接回傳原來的內容
14     return of(currentState);
15   };
```

在這裡我們建立了 todoReducer，且它需要回傳一個 Observable 物件，以便未來充分利用 RxJS 的特性，而在 todoReducer 內，我們需要針對不同的 Action 來決定要怎麼改變目前的資料，例如當 Action type 為 TodoActionTypes.AddTodoItem 時，將 payload 資料加入加入待辦事項清單內，並重新包裝成 Observable 回傳：

```
1    import { of } from 'rxjs';
2    import { TodoActionTypes } from './todo-action-types';
3
4    export const todoReducer = (currentState, action) => {
5      switch (action.type) {
6        // action.type 為 TodoActionTypes.AddTodoItem
7        case TodoActionTypes.AddTodoItem:
8          const newState = {
9            ...currentState,
10           todos: [
11             ...currentState.todos,
12             {
13               id: currentState.todos.length + 1,
14               // todo item 的 name 屬性就是 action.payload
15               name: action.payload,
16               done: false
17             }
18           ]
19         };
20         return of(newState);
21       }
```

```
22
23      // 如果沒有可以處理的 action type，直接回傳原來的內容
24      return of(currentState);
25    };
```

包裝成 Observable 物件的好處是除了單純回傳新的資料外，也可以組合成比較複雜的資料流，例如使用 ajax 呼叫 API，或是先改變 loading 屬性當作一次事件，再以新的資料當作第二次事件：

```
1    import { concat, of, delay } from 'rxjs';
2    import { TodoActionTypes } from './todo-action-types';
3
4    export const todoReducer = (currentState, action) => {
5      switch (action.type) {
6        case TodoActionTypes.AddTodoItem:
7          const loadingState = { ...currentState, loading: true };
8          // 第一個事件，設定 loading 為 true
9          const loadingState$ = of(loadingState);
10
11          const newState = {
12            ...currentState,
13            todos: [
14              ...currentState.todos,
15              {
16                id: currentState.todos.length + 1,
17                name: action.payload,
18                done: false
19              }
20            ],
21            loading: false
22          };
23          // 第二個事件，設定 todos 屬性，以及設定 loading 為 false
24          // 這裡加上 delay(500) 以模擬呼叫 API 的延遲
25          // 實際上可能是用 switchMap 轉換成 API 呼叫的 Observable 物件
26          const newState$ = of(newState).pipe(delay(500));
```

```
27
28        // 最後使用 concat 組合成一個新的資料流
29        return concat(loadingState$, newState$);
30    }
31
32    // 如果沒有可以處理的 action type，直接回傳原來的內容
33    return of(currentState);
34  };
```

另外兩個 Action 的行為也是一樣，針對目前 Store 的資料以及實際上的 payload 來決定未來 Store 的內容，可以直接參考前面提供的完整範例程式。

❑ Dispatcher 邏輯

Reducer 只是負責決定新的資料為何，最終變動資料的工作依然是 Dispatcher 的責任，我們繼續把 todo-store/todo-dispather.ts 內容補起來：

```
1    export const todoDispatcher = action -> {
2      from(todoReducer(store$.value, action))
3        .subscribe({
4          next: (data: any) => store$.next(data),
5          error: data => store$.error(data)
6        });
7    };
```

todoDispatcher 邏輯很簡單，先將 store$ 的資料和 Action 傳入 todoReducer，讓 todoReducer 來決定新的資料內容，最後使用 from 包起來可以讓 todoReducer 不一定非要回傳 Observable 物件不可，如果沒有複雜邏輯，直接回傳新的資料，甚至回傳一個 Promise 也可以；得到預期變更的 Store 內容後，呼叫 store$.next() 來產生新的 Store 資料流事件。未來只要有執行相關訂閱的便能輕易地得知資料的改變。

實際使用

我們已經把 Flux Pattern 的 Store、Action 和 Dispatcher 角色相關程式碼都完成了，接著就是以 View 的角色來實際使用整個資料流程！

當畫面產生時，我們可以呼叫 loadTodoItemsAction() 來建立 Action，並使用 todoDispatcher 來分配這個 Action 該做些什麼事情，由 todoReducer 負責變更資料：

```
1    todoDispatcher(loadTodoItemsAction());
```

如果要新增一個新的待辦事項時，可以使用 addTodoItemAction() 傳入一個文字當作 payload 來建立 Action，然後將此 Action 傳入給 todoDispatcher：

```
1    const todoItemValue = 'Hello World';
2    todoDispatcher(addTodoItemAction(todoItemValue));
```

當 Store 資料變更後，我們可以透過訂閱 store$ 來得知，並使用 map 來專注在自己想要的資料上：

```
1    store$
2      .pipe(
3        map(store => store.todos)
4      )
5      .subscribe(todos => {
6        // 實際上更新畫面的邏輯
7        domUtils.updateTodoList(todos);
8      });
```

另外也要顯示目前待辦事項有幾筆、完成的項目有幾筆，我們可以將這兩份資料視為兩條資料流：

```
1    // 全部資料筆數
2    store$
3      .pipe(
```

```
4        map(store => store.todos.length)
5      )
6      .subscribe(...);
7
8    // 完成資料筆數
9    store$
10     .pipe(
11       map(store =>
12         store.todos.filter(todo => todo.done).length)
13     )
14     .subscribe(...);
```

把許多操作邏輯都包裝起來後，對於畫面來說就可以省去理解細節的苦惱，只要建立 Action 給人處理，以及訂閱想要的資料來顯示即可！

進階 RxJS 技巧
與好用工具

▶ 5-1 如何設計自己的 RxJS Operators

RxJS 提供了超過 100 個的 operators，其實已經可以應用非常非常多的情境了，還需要自己設計 operator 嗎？其實我們確實是不一定需要設計 operator 的，但以下幾種狀況，可能很適合自己設計 operator：

- **單元測試**：當我們將一堆 operators 使用 pipe 串起來時，多多少少會需要加上一些 side effect 操作的程式碼，而這樣的行為會讓我們撰寫單元測試時變得更不可靠，此時我們可以把 side effect 前後的 operators 各自建立成新的 operators 來獨立撰寫測試。

- **共用性**：假設我們是負責撰寫 library 的開發人員，在提供共用的功能時，我們不太可能跟使用的人說：「你就去把某幾個 operators 串起來就可以啦！」，這時候就適合把共用的部分抽出來，讓其他人可以更容易使用。

- **可讀性**：當程式功能越來越複雜時，很有可能在會一個 pipe 裡面一口氣組合了數十個 operators ！這時候反而可能會造成閱讀上更加不易，維護上亦然。那麼將不同組的動作抽成獨立的 operators，不僅可讀性會更高，也能讓關注點再次分離。

- **重構**：我們會重構程式碼，當然也會重構 operators，將 operators 抽出成新的 operator，就跟把一段複雜的程式碼抽成一個 function 一樣。

- **真的沒有適合的 operator**：實際上應該是不太可能發生，就像陣列處理只要 map、filter 和 reduce 幾乎就可以完成各種變化，其他都只是讓語意更明確、使用更方便一樣；我們其實也可以透過 map、filter 和 reduce operators 組合出任何想要的功能才對，最多就是程式寫起來更醜更難維護而已，所以這跟可讀性的點一樣，現成的

operator 沒法明確表達我們的意義時，我們也可以自行撰寫一個來更明確的表達需求。

接著就來看一下兩種自訂 RxJS operators 的方法。

方法（1）- 直接串現有的 operators

所有 operator 的基礎邏輯都是將來源 Observable 物件當作輸入值，並回傳另外一個 Observable 物件，因此最簡單的方法就是將現有的 operators 透過來源 Observable 物件的 pipe 方法組合起來，成為一個新的 Observable 物件，以滿足我們的需求，例如我們的需求為：

> 當學生成績事件出現時，將學生成績開根號後乘以 10 當作新成績，並回傳包含新成績的學生物件。

我們會寫出這樣的程式碼：

```
1    import { of, map } from 'rxjs';
2
3    interface Student {
4      name: string;
5      score: number;
6    }
7
8    const studentScore: Student[] = [
9      { name: '小明', score: 100 },
10     { name: '小王', score: 49 },
11     { name: '小李', score: 25 }
12   ];
13
14   of(...studentScore)
15     .pipe(
16       // 分數開根號
```

```
17        map(student =>
18          ({...student, score: Math.sqrt(student.score)})),
19        // 分數乘以十
20        map(student =>
21          ({...student, score: student.score * 10})),
22      )
23      .subscribe(student => {
24        console.log(`學生：${student.name}；成績：${student.score}`);
25      });
26
27    // 學生：小明；成績：100
28    // 學生：小王；成績：70
29    // 學生：小李；成績：50
```

在 pipe 裡面的程式就是處理成績的細節，我們可以設計出一個 adjustStudentScore 的 operator 來包裝這些細節，讓未來要依照一樣邏輯的程式可以直接使用，而不用複製貼上一樣的邏輯：

```
1    const adjustStudentScore = () => {
2      return (source: Observable<Student>) => {
3        return source.pipe(
4          // 分數開根號
5          map(student =>
6            ({...student, score: Math.sqrt(student.score)})),
7          // 分數乘以十
8          map(student =>
9            ({...student, score: student.score * 10})),
10       );
11     };
12   };
```

adjustStudentScore 是一個 curry function，也就是這個 function 本身會回傳一個 function，而回傳的 function 需要一個 Observable 物件作為參數，這個 Observable 物件就會是我們的來源 Observable 物件，以前面學生成績的例子，就是 of(...studentScore) 這個 Observable 物件。

之後要調整成績時，就可以直接使用這個 opereator 了：

```
1    of(...studentScore)
2      .pipe(
3        adjustStudentScore()
4      )
5      .subscribe(student => {
6        console.log(`學生：${student.name}；成績：${student.score}`);
7      });
```

這個自訂的 **adjustStudentScore** operator 實際上最重要的主體是裡面回傳的 function。撰寫成 curry function 的好處是可以讓我們更輕易的將一些參數拉出來，例如我們如果需要一個過濾學生成績的自訂 operator，而且要可以自訂過濾的成績條件，可以再寫一個包含設定參數的 curry function 作為自訂 operator：

```
1    const filterPassScore = (passScore) => {
2      return (source: Observable<Student>) -> {
3        return source.pipe(
4          filter(student => student.score >= passScore)
5        );
6      };
7    };
```

本段落練習程式碼：

https://stackblitz.com/edit/rxjs-book-2nd-customize-operator-by-pipe

圖 5-1

方法（2）- 建立新的 Observable 物件並訂閱來源 Observable 物件

另外一種自訂 operator 的方法，就是從建立一個新的 Observable 物件開始，並且訂閱原來的來源 Observable 物件，將相關資料整理後當作新的 Observable 物件事件。

這麼做的好處是具有更大的彈性，不過就需要更全面地進行考量！

例如前面提到調整學生成績的 operator：

```
1    const adjustStudentScore = () => {
2      // curry function
3      // 傳入一個 Observable 物件參數
4      // 並回傳一個 Observable 物件
5      return source$ => {
6        return new Observable(subscriber => {
7          // 訂閱來源 Observable 物件
8          // 並建立觀察者來處理來源 Observable 收到的各種事件
9          source$.subscribe({
10           next: student => {
11             // 成績轉換
12             const newScore = Math.sqrt(student.score) * 10;
13             // 以新的成績當作事件
14             subscriber.next({...student, score: newScore});
15           },
16           // 也要處理 error 和 complete 事件
17           error: error => subscriber.error(error),
18           complete: () => subscriber.complete()
19         });
20       });
21     }
22   };
```

另外要注意的是，雖然我們只專注在 next() 事件處理，但 error() 和 complete() 也需要處理，在來源 Observable 物件發生錯誤或完成時，後續的 operators 或實際訂閱的 Observer 才會知道有事情發生了！

過濾成績的 operator 也是比照辦理：

```
1   const filterPassScore = (passScore) => {
2     return source$ => {
3       return new Observable(subscriber => {
4         source$.subscribe({
5           next: student => {
6               // 成績及格的學生才視為新的資料流事件
7               if(student.score >= passScore) {
8                 subscriber.next(student);
9               }
10          },
11          error: error => subscriber.error(error),
12          complete: () => subscriber.complete()
13        });
14      });
15    }
16  };
```

本次練習程式碼：

https://stackblitz.com/edit/rxjs-book-customize-operator-by-new-observable

圖 5-2

▶ 5-2 認識 Scheduler

在一般程式開發的時候，我們幾乎不會使用到 Scheduler，但 Scheduler 可以說是控制 RxJS 背後運作流程的重要角色，本篇文章我們就來看一下什麼事 Scheduler，也能更加理解 RxJS 的運作方式。

快速認識 Scheduler

Schedule 這個單字本身有「安排」的意思，因此 Scheduler 可以想像成是「負責安排」的人，具體來說安排什麼呢？就是安排 Observable 物件內「事件」該在什麼時機點發生。

舉個例子來說，請思考一下這段程式碼會以什麼樣的順序印出資料？

```
1   import { of } from 'rxjs';
2
3   console.log('start');
4   of(1, 2, 3)
5     .subscribe({
6       next: result => console.log(result),
7       complete: () => console.log('complete')
8     });
9   console.log('end');
```

應該不難判斷，由於 of(1, 2, 3) 的事件是「同步執行」，因此結果為：

```
start
1
2
3
complete
end
```

那麼有沒有辦法讓 of(1, 2, 3) 變成「非同步執行」呢？當然是有的，我們可以在參數最後指定一個「非同步的 Scheduler」，來讓 Observable 的事件運作變成非同步執行。

範例程式：

```
1   import { of, asyncScheduler } from 'rxjs';
2
3   console.log('start');
4   of(1, 2, 3, asyncScheduler)
5     .subscribe({
6       next: result => console.log(result),
7       complete: () => console.log('complete')
8     });
9   console.log('end');
```

第 4 行使用 of 時，我們在最後的參數指定了 asyncScheduler，這個 asyncScheduler 可以讓原來事件資料變成非同步的行為執行，因此執行結果變成：

```
start
end
1
2
3
complete
```

由於執行過程變成非同步了，因此 start 和 end 會先輸出，然後「非同步」地輸出事件資料，最後資料流完成輸入 complete。

以下是可以在最後一個參數加入 Scheduler 來控制事件發生行為的 operators：

- bindCallback
- bindNodeCallback
- combineLatest

- concat
- empty
- from
- fromPromise
- interval
- merge
- of
- range
- throw
- timer

不同的 operator 會有各自預設的 Scheduler，因此我們通常不用特別指定要用哪一種 Scheduler，例如 interval 預設就是使用 asyncScheduler，因此我們可以確定 interval 事件是非同步執行的。

不過要特別注意的是，of 在 RxJS 7 已經將最後一個參數是 Scheduler 的方法簽章標示為「棄用」了，預計會在 RxJS 8 移除。

為什麼呢？由於 of 內的參數是不固定的，將 Scheduler 直接放在最後一個參數容易造成誤解，而且也有一種可能是最後一個參數放 Scheduler，但其實是要把這個 Scheduler 當作事件資料，而不是控制執行的程式。

因此雖然前面程式使用：

```
1    of(1, 2, 3, asyncScheduler)
```

但其實不建議這麼使用。RxJS 提供了另外一個替代方案 scheduled operator：

```
1    import { scheduled } from 'rxjs';
2
3    scheduled([1, 2, 3], asyncScheduler)
```

其他的 operators 不受影響，都可以將 Scheduler 放在最後一個參數內。

RxJS 提供了幾個不同的 Scheduler 方便我們控制事件發生時機，但先讓我們比較深入一點的理解「非同步程式」這件事情。

認識 JavaScript 處理非同步的原理

我們都知道可以使用 Promise 或 setTimeout 讓一段程式變成非同步執行，那麼以下程式印出的結果為何？

```
1    setTimeout(() => {
2        console.log('A');
3      });
4
5    Promise.resolve('B')
6      .then(result => console.log(result));
```

既然都變成非同步了，理論上應該先變成非同步先處理吧？所以應該是先印出 A 再印出 B 嗎？很可惜的，答案是先印出 B 再印出 A，為什麼會這樣呢？這跟 JavaScript 的非同步處理方式有關。

❑ 認識 Microtask 與 Macrotask

首先，我們必須先知道的是當 JavaScript 開始執行一段程式時，會產生一個「工作階段（task）」，並「同步」的執行相關的程式碼，而當遇到 Promise 或 setTimeout 這類非同步執行的程式時，會先將裡面的程式碼丟到一個「等待區（task queue）」，然後繼續處理其他目前同步執行的程式碼，直到目前同步執行的程式碼處理完後，再從「等待區」將程式碼拿出來以「同步」的方式執行裡面的程式碼。

由於等待區是一個佇列（queue）的資料結構，佇列的特色就是先進先出，因此先進入等待區的程式會先被執行，所以這兩段非同步程式呼叫執行後

會先印出 A 再印出 B：

```
1    Promise.resolve('A')
2      .then(result => console.log(result));
3
4    Promise.resolve('B')
5      .then(result => console.log(result));
```

那麼為什麼稍早的程式中使用 setTimeout 執行順序卻跟我們想的不一樣呢？這是因為所謂的「等待區佇列」在 JavaScript 處理中其實會有兩種：

- **micro**task queue：如 Promise 或 node.js 中的 process.nextTick，都會將工作丟到 microtask queue 中。
- **macro**task queue：如 setTimeout 或 requestAnimationFrame，都會將工作丟到 marcotask queue 中。

JavaScript 在同步執行完畢時，會先將所有的 microtask queue 中的程式執行完畢，確認清空 microtask queue 的工作後，再處理下一個 macrotask queue 中的工作，也因此當同時有 Promise 和 setTimeout() 呼叫時，Promise 的相關程式會進入 microtask queue 而 setTimeout 的程式則進入 macrotask queue，所以 Promise 的程式會先進行處理，之後才處理 setTimeout 的程式。

大方向是，在 macrotask queue 的每個工作結束前，會先清空目前 microtask queue 中的所有工作，之後才會進行畫面渲染，接著處理下一個 macrotask queue 中的工作，因此 macrotask queue 會作用在每次畫面渲染的前後，microtask 則不是。

現在我們只要知道非同步運作有一個粒度小的 microtask queue 以及一個粒度大的 macrotask queue，以及畫面渲染時機的不同，就足以幫助我們更加理解 RxJS 的 Scheduler。

如果對這個主題更有興趣，可以上 YouTube 搜尋「所以說 event loop 到底是什麼玩意兒？」[1]，就能找到 JSConfEU 上的演講影片，而且有中文字幕（如圖 5-3）：

圖 5-3 資料來源：https://www.youtube.com

再次認識 Scheduler

接著我們再來仔細認識一下 RxJS 的 Scheduler 到底是什麼，Scheduler 實際上就是用來幫助我們決定程式要「同步」或是「非同步」執行的一個角色；在同步執行時，我們可以用來確保不同的「同步 Observable 物件」事件會在一致的時間點（RxJS 內稱為 frame）觸發；而在非同步執行時，則可以用來控制使用 microtask queue 還是 macrotask queue 處理。

從文字來看稍微有點抽象，之後我們會有更多程式碼解釋。

❏ Scheduler 的種類

Scheduler 依照運作邏輯分成以下幾類：

---

1 所以說 event loop 到底是什麼玩意兒？ | Philip Roberts | JSConf EU：
https://www.youtube.com/watch?v=8aGhZQkoFbQ

- null：也就是不指定 Scheduler，那麼就是同步執行的。

- queueScheduler：也是同步處理的，但在執行時 RxJS 會將所有同步的 Observable 物件的事件資料放到一個內部的同步 queue 內，再依序執行，稍後我們會說明這和 null 有什麼區別。

- asapScheduler：非同步處理，與 Promise 使用一樣的非同步處理層級，也就是使用 microtask queue。

- asyncScheduler：非同步處理，處理方式同 setIntervael，屬於使用 macrotask queue 的層級。

- animationFrameScheduler：非同步處理，處理方式同 requestAnimationFrame，也是屬於使用 macrotask queue 的層級，但更適用於動畫處理（效能較優）。

使用 Scheduler 控制來源 Observable 物件事件發生時機

除了在前面提到的幾個建立類型 operators 最後指定加上 Scheduler 外，如果想控制一個來源 Observable 物件事件發生的時機點，可以使用 observeOn 這個 operator，依照 Scheduler 來控制收到事件的時機點，如：

```
1   import { of, asyncScheduler, observeOn } from 'rxjs';
2
3   console.log('start');
4
5   of(1, 2)
6     .pipe(observeOn(asyncScheduler))
7     .subscribe({
8       next: result => console.log(result),
9       complete: () => console.log('complete')
10    });
11
12  console.log('end');
13
```

```
14    // start
15    // end
16    // 1
17    // 2
18    // complete
```

由於我們將來源事件用非同步的方式接收處理，因此 start 和 end 會先印出，然後才依序印出 1、2 和 complete。

需要特別注意的是 of(1, 2) 依然是「同步處理」行為，只是在訂閱時透過 observeOn(asyncScheduler) 將收到的資料放到 macrotask queue 內，因此接下來的範例程式中兩段程式碼的處理行為是完全不同的：

```
1    // (1)
2    of(1, 2, asyncScheduler);
3
4    // 注意：此用法已被標示棄用，這裡純粹拿來比較用
5    // 實際上建議寫成 scheduled([1, 2], asyncScheduler)
6    // (2)
7    of(1, 2).pipe(observeOn(asyncScheduler));
```

of(1, 2, asyncScheduler) 是把「每一個事件值分別放入 macrotask queue 中」（如圖 5-4）：

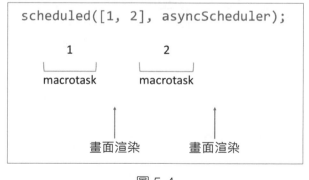

圖 5-4

而 of(1, 2).pipe(observeOn(asyncScheduler)) 則是「產生 1 和 2 後，再將這兩個資料放入 macrotask queue 中」（如圖 5-5）：

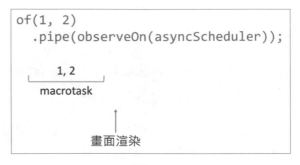

圖 5-5

這個觀念非常重要！如果搞錯，很可能整個執行順序都跟想的不同了。

本段落練習程式碼：

https://stackblitz.com/edit/rxjs-book-2nd-scheduler-observeon

圖 5-6

使用 Scheduler 控制訂閱時機

除了可以用 observeOn 來控制「處理來源 Observable 物件事件的時機」，我們也可以用 subscribeOn 來控制「訂閱時收到來源 Observable 物件事件的時機」。

範例程式：

```
1    import { of, asyncScheduler, subscribeOn } from 'rxjs';
2
3    console.log('start');
4
```

```
5    of(1, 2)
6      .pipe(subscribeOn(asyncScheduler))
7      .subscribe({
8        next: result => console.log(result),
9        complete: () => console.log('complete')
10     });
11
12   console.log('end');
13
14   // start
15   // end
16   // 1
17   // 2
18   // complete
```

這段程式一樣是「非同步」執行的，因為我們使用了 subscribeOn 來控制訂閱收到每個事件的時機點為非同步收到。

本段落練習程式碼：

https://stackblitz.com/edit/rxjs-book-2nd-scheduler-subscribeon

圖 5-7

比較各種 Scheduler

我們直接用一個範例程式來理解各個 Scheduler 的不同：

```
1    import {
2      SchedulerLike,
3      queueScheduler,
4      asapScheduler,
5      asyncScheduler,
```

```
6      animationFrameScheduler,
7      fromEvent,
8      range
9    } from 'rxjs';
10
11   const initPosition = () => {
12     const blockElement = document
13       .querySelector('#block') as HTMLElement;
14     blockElement.style.left = '100px';
15     blockElement.style.top = '100px';
16   };
17
18   const updatePositionByScheduler = (scheduler: SchedulerLike) => {
19     initPosition();
20
21     setTimeout(() => {
22       console.log('start');
23
24       range(0, 100, scheduler).subscribe({
25         next: val => {
26           const blockElement = document
27             .querySelector('#block') as HTMLElement;
28           blockElement.style.left = 100 + val + 'px';
29           blockElement.style.top = 100 + val + 'px';
30         },
31         complete: () => console.log('complete')
32       });
33       console.log('end');
34     }, 300);
35   };
```

這段程式碼的 updatePositionByScheduler() 方法可以傳入指定的 Scheduler 參數，在物件內使用 range 建立 Observable 物件並使用指定的 Scheduler 控制事件發生的時機點，之後訂閱這個 Observable 物件來更新畫面上實心方

塊的位置，從左上角移動到右下角；同在訂閱前後及收到事件時都將資訊
印在 console 上以便理解執行順序（如圖 5-8）：

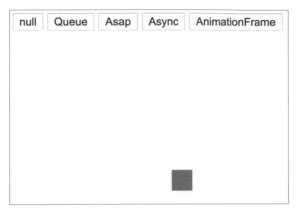

圖 5-8

如此一來我們就可以透過傳入不同的 Scheduler 來看看畫面上的變化。

例如當想要使用 asyncScheduler 時，可以直接傳入呼叫：

```
1    updatePositionByScheduler(asyncScheduler);
```

如果不想指定 Scheduler 時，可以傳入 null：

```
1    updatePositionByScheduler(null);
```

可以嘗試看看看不同按鈕，看看畫面的變化，推敲看看每個 Scheduler 背後
是在做什麼事情。

比較不同的 Scheduler 練習程式碼：

https://stackblitz.com/edit/rxjs-book-compare-schedulers

圖 5-9

❏ 使用 null

由於 range 本身是同步執行的，因此會在一次工作階段（task）中全部跑完，可以直接用同步執行的思維去想就好，輸出結果為：

```
start
complete
end
```

由於執行完才會渲染畫面，因此實心方塊會從左上角立刻出現在右下角（如圖 5-10）：

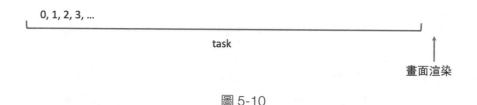

圖 5-10

❏ 使用 queueScheduler

使用 queueScheduler 時，資料依然是「同步執行」的，因此結果與使用 null 完全一樣，但在一個同步工作階段中，會再使用一個內部的同步的 queue 將資料包裝起來處理；queueScheduler 做這件事情的目的是什麼？我們在後續說明（如圖 5-11）：

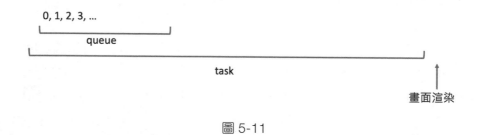

圖 5-11

❏ 使用 asapScheduler

asapScheduler 會將每次 Observable 物件的事件值都用「非同步」的方式處理，因此執行順序為：

```
start
end
complete -> 因為是非同步執行
```

在畫面渲染部分，asapScheduler 的非同步程式會進入 microtask queue，而在 microtask queue 的處埋階段是个會處埋畫面渲染的，因此畫面中的實心方塊雖然會「非同步地」被更新座標，但會在完成後才渲染畫面，因此會「直接出現在右下角」（如圖 5-12）：

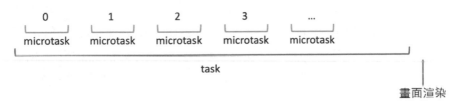

圖 5-12

❏ 使用 asyncScheduler

asyncScheduler 也會將每次 Observable 物件的事件值使用「非同步」的方式處理，所以執行順序為：

```
start
end
complete -> 因為是非同步執行
```

而在畫面渲染部分，asyncScheduler 是使用 macrotask queue 的方式處理非同步呼叫，且畫面渲染行為會發生在每次 macrotask queue 結束之間，因此

每次 Observable 物件的事件跟下次事件發生之間會產生畫面渲染行為，結果就是可以看到實心方塊往右下角逐步移動的動畫（如圖 5-13）：

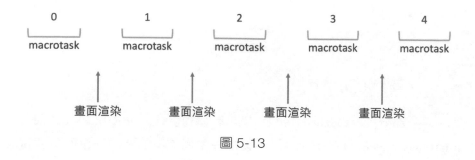

圖 5-13

❑ 使用 animationFrameScheduler

animationFrameScheduler 觸發的時機點和畫面重繪（repaint）定義的時機點一樣，就跟我們使用 JavaScript 的 requestAnimationFrame 一樣，基本上是 1/60 秒發生一次，會使用 requestAnimationFrame 的時機通常是使用 JavaScript 處理動畫，可以避免使用 setInterval(..., 1) 運算太頻繁，但畫面跟新頻率不需要這麼高的問題。

由於是非同步執行，因此執行結果與前面相同，但可以看到畫面上的實心方塊以比較慢但流暢穩定的速度移動，原則上會是每 1/60 秒移動一次，不像 asapScheduler 是盡快更新畫面並觸發下次事件（如圖 5-14）：

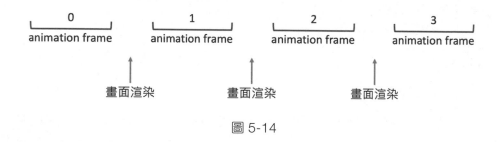

圖 5-14

❑ 比較 null 與 queueScheduler

看過各種 Scheduler 處理事件資料後，我們回來看一下「同步」處理的 null 和 queueScheduler 的差別。

首先，先想一下這段程式碼的執行結果為何：

```
1    const sourceA$ = of(1, 2);
2    const sourceB$ = of(3, 4);
3
4    combineLatest([sourceA$, sourceB$])
5      .pipe(map(([a, b]) => a + b))
6      .subscribe(result => {
7        console.log(result);
8      });
```

我們已經知道 combineLatest 會訂閱參數內的 Observables 物件，當每個 Observables 物件資料流發生事件時，將這個事件資料與其他 Observable 資料流的「最後一次事件組合在一起」，所以理論上的運作過程為：

- sourceA$ 發生事件 1，此時 sourceB$ 還沒有任何事件發生。
- sourceB$ 發生事件 3，此時跟 sourceA$ 最後一次事件值 1 組合在一起，得到 3 + 1 = 4。
- sourceA$ 發生事件 2，此時跟 sourceB$ 最後一次事件值 3 組合在一起，得到 2 + 3 = 5。
- sourceB$ 發生事件 4，此時跟 sourceA$ 最後一次事件值 2 組合在一起，得到 4 + 2 = 6。
- sourceA$ 結束。
- sourceB$ 結束。

因此印出的值應該是 4、5 和 6，實際上是這樣嗎？很可惜，實際結果是：只印出 5 和 6！怎麼會這樣呢？

不使用 Scheduler 的同步執行順序

別忘記了 of 是「同步執行」的，因此在使用 combineLatest 分別訂閱兩個 Observable 物件時，實際上會變成類似以下程式碼的執行順序：

```
1    const sourceA$ = of(1, 2);
2    const sourceB$ = of(3, 4);
3
4    // 先訂閱 sourceA$
5    sourceA$.subscribe(...);
6    // 再訂閱 sourceB$
7    sourceB$.subscribe(...);
```

看出問題了嗎？因為「同步執行」的關係，在訂閱 sourceA$ 時會先同步產生 1 和 2 事件後結束；接著才是訂閱 sourceB$ 同步產生 3 和 4 事件然後結束，因此正確運作過程為：

- sourceA$ 發生事件 1，此時 sourceB$ 還沒有任何事件發生。
- sourceA$ 發生事件 2，此時 sourceB$ 還沒有任何事件發生。
- sourceA$ 結束。
- sourceB$ 發生事件 3，此時跟 sourceA$ 最後一次事件值 2 組合在一起，得到 3 + 2 = 5。
- sourceB$ 發生事件 4，此時跟 sourceA$ 會後一次事件值 2 組合在一起，得到 4 + 2 = 6。
- sourceB$ 結束。

這些過程都是「同步執行」的，也就是在一個工作階段（task）內依序執行完成（如圖 5-15）：

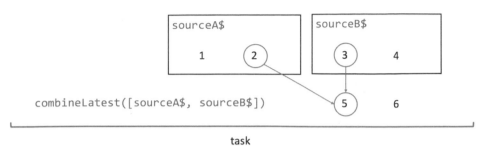

圖 5-15

因此結果只印出 5 和 6！那麼要怎麼達到我們期望的 4、5 和 6 結果呢？這時候就是使用 queueScheduler 的時機了。

使用 queueScheduler 的執行順序

queueScheduler 一樣是同步處理事件，但在產生資料時，會將資料存入一個 RxJS 內部的佇列（queue）中，每個 Observable 物件都會有自己的 queue，而 queue 除了佇列本身概念外，也可以想像成是一個「虛擬的時間窗格（frame）」，因此當訂閱發生時，整個資料流就會依照這個 queue 內的虛擬時間窗格「一格一格的產生事件」（如圖 5-16）：

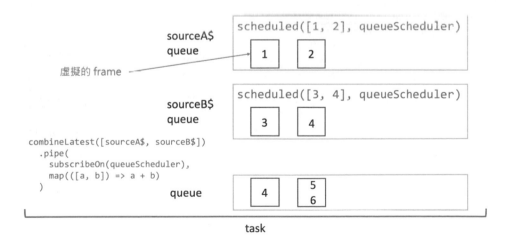

圖 5-16

因此前面的 sourceA$ 和 source$ 若是搭配使用了 queueScheduler，則 sourceA$ 的事件 1 和 sourceB$ 的事件 2 就會因為在同一個時間窗格發生而同時產生事件資料，而要達到這個目的，combineLatest 也必須將資料用「時間窗格」的方式訂閱，也就是搭配 subscribeOn operator。

由於 of 不再建議搭配 Scheduler，因此原來的 sourceA$ 和 source$ 也建議改用 scheduled。

範例程式：

```
1    import { scheduled, combineLatest, queueScheduler,
2            map, subscribeOn } from 'rxjs';
3
4    const sourceA$ = scheduled([1, 2], queueScheduler);
5    const sourceB$ = scheduled([3, 4], queueScheduler);
6
7    combineLatest([sourceA$, sourceB$])
8      .pipe(
9        subscribeOn(queueScheduler),
10       map(([a, b]) => a + b)
11     )
12     .subscribe(result => {
13       console.log(result);
14     });
```

queueScheduler 範例程式碼：

https://stackblitz.com/edit/rxjs-book-2nd-scheduler-queuescheduler

圖 5-17

▶ 5-3 替 RxJS 撰寫單元測試

撰寫測試程式是軟體開發中非常重要的一環,雖然不是所有程式碼都一定要有對應的測試程式,但良好的測試程式卻可以幫助我們撰寫出更加穩固的程式碼。

本節將說明如何測試 RxJS 程式,以及撰寫 RxJS 測試程式的一些技巧。

範例專案說明

這邊假設你對於撰寫前端測試程式已經有一定理解和經驗,就不多說明基本的撰寫測試方法了;而接下來我們撰寫的測試程式都是運行在 Vite[2] + Vitest[3] 上。 當然,想要用其他測試框架也是完全沒有問題的。

RxJS 單元測試範例程式碼:

https://github.com/wellwind/rxjs-book-2nd-marble-testing-demo

圖 5-18

只要專案下載下來後執行 `npm install` 安裝相關套件,接著執行 `npm run test` 即可看到所有測試程式執行的結果。

❑ 測試專案結構

範例專案內多數都是些基本的設定如使用套件、TypeScript 設定等等,另外有兩個重要的目錄:

---

2   Vite: https://vitejs.dev/guide/

3   Vitest: https://vitest.dev/

- src：所有要測試的目標程式碼所在的位置。
- src/test：所有針對測試目標所撰寫的測試程式碼。

❏ 測試目標

在 RxJS 中，基本上有兩件事情要測試，分別是：

- Observable 物件訂閱得到的結果是否正確。
- Observable 物件資料流動的過程是否正確。

在範例專案中，我們設計了幾種 Observable 物件，有些很好測試，有些則相對沒那麼簡單，另外也包含了自行設計的 operator：

```
1    // src/main.ts
2    import { Observable, map, of, take, timer } from 'rxjs';
3
4    export const emitOne$ = of(1);
5    export const emitOneToFour$ = of(1, 2, 3, 4);
6    export const emitOntToFourPerSecond$ = timer(0, 1000).pipe(
7      take(4)
8    );
9
10   export const plusOne = ()
11     => (source$: Observable<number>)
12       => source$.pipe(map(value => value + 1));
```

另外，在實戰練習 4-1 時有介紹到「自動完成」功能，並介紹了透過組合好幾個 operators 來讓資料查詢不要那麼頻繁，我們也將它抽成一個比較複雜一點的 operator 來測試看看：

```
1    // src/debounce-input.ts
2    import { Observable } from 'rxjs';
3    import {
```

```
4      debounceTime,
5      distinctUntilChanged,
6      filter
7    } from 'rxjs/operators';
8
9    export const debounceInput = ()
10     => (source$: Observable<string>) =>
11       source$.pipe(
12         debounceTime(300),
13         distinctUntilChanged(),
14         filter(data => data.length >= 3)
15       );
```

接著就讓我們來看看兩種不同的測試手法，一種很簡單，但比較難測試各
種情境；另外一種比較複雜，但可以應付幾乎所有情境的測試。

在 subscribe callback 內進行測試

第一種方法很簡單，這種手汏在「同步 Observable 物件」或是「非同步
Observable 物件但有明確結束時機點」兩種狀況時很適合使用，直接在
subscribe 的 callback 方法內測試訂閱收到結果即可。

❏ 單一事件值的 Observable 物件測試

針對 of(1) 這種只有一個事件值的測試程式可以很容易的直接在 subscribe
callback 內進行驗證：

```
1    // const emitOne$ = of(1);
2    test('測試單一個事件的 Observable', () => {
3      emitOne$.subscribe(data => {
4        expect(data).toEqual(1);
5      });
6    });
```

❏ 多個事件值的 Observable 物件測試

那麼如果來源 Observable 物件有多個事件值呢？ expect(data) 後面該怎麼寫？這時我們可以在 subscribe callback 內將訂閱值存起來，在最後測試結果：

```
1   // const emitOneToFour$ = of(1, 2, 3, 4);
2   test('測試多個事件的 Observable', () => {
3     const actual: number[] = [];
4     emitOneToFour$.subscribe(data => {
5       actual.push(data);
6     });
7     expect(actual).toEqual([1, 2, 3, 4]);
8   });
```

第 4 行：將每次事件資料存到 actual 陣列中。

第 7 行：比較 actual 陣列結果是否如預期。

由於整個 Observable 物件是「同步執行」的，因此可以確定所有事件都發送完畢，直到 Observable 結束後才進行比較。

❏ 非同步 Observable 物件測試

如果是「非同步執行」的 Observable 物件，如 timer 呢？那就先要看測試框架是否支援非同步處理了，在 Vitest 中我們可以回傳一個 Promise 物件，並自己決定何時完成這個 Promise 物件，代表非同步程式結束：

```
1   // const emitOntToFourPerSecond$ = timer(0, 1000).pipe(
2   //   take(4)
3   // );
4     test('測試非同步處理的 Observable', () =>
5       new Promise<void>((done) => {
```

```
6        const actual: number[] = [];
7        emitOntToFourPerSecond$.subscribe({
8          next: (data) => {
9            actual.push(data);
10         },
11         complete: () => {
12           expect(actual).toEqual([0, 1, 2, 3]);
13           done();
14         },
15       });
16     }));
```

第 9 行：在 next callback 將來源資料存入陣列 actual。

第 11~12 行：直到 Observable 物件訂閱結束後，在 complete callback 內驗證測試結果。

第 13 行：呼叫 done() 完成 Promise，以告訴測試框架「非同步處理的程式碼測試完畢」。

這種方式看起來合理，但實際上有一些缺點：

- 來源 Observable 到結束會等待 3 秒鐘，如果程式內有許多類似的 Observable 物件要測試，就會讓整體測試時間拉長。

- 大部分測試框架在處理非同步時，都會給一個等待時間，逾時就會自動失敗，以 Vitest 來說預設是 5 秒鐘，也就是 Observable 物件訂閱到結束會需要超過 5 秒鐘的話，必須另外設定拉長等待時間，否則測試會失敗。

- 如果是一個不會結束的 Observable 物件呢？雖然我們也可以在程式中主動加上 take operator 或想辦法加上其他條件讓它結束，但那就變成在寫程式而不是寫測試了，因此不是個推薦的解法。

這些問題，在之後介紹「彈珠圖測試」時會得到解答。

❑ 自訂 Operator 測試

如果要測試某個自訂的 operator 是否如我們預期處理資料流，只需要準備一個來源 Observable 物件並搭配 pipe 將資料傳入我們自訂的 operator 即可：

```
1    // const plusOne = ()
2    //    => (source$: Observable<number>)
3    //       => source$.pipe(map(value => value + 1));
4    test('使用 pipe 測試 operator', () => {
5      of(1).pipe(
6        plusOne()
7      ).subscribe(data => {
8        expect(data).toEqual(2);
9      });
10   });
11
12   test('單獨測試一個 operator', () => {
13     const source$ = of(1);
14     plusOne()(source$).subscribe(data => {
15       expect(data).toEqual(2);
16     });
17   });
```

有兩種測試方式，其實是一樣的概念，第一種是把它真的當作 operator，以操作 operator 的方式處理，因此第 5 行使用 of(1).pipe(...) 的方式，來確認資料流向及處理。

而第二種測試是把它當作一個 function，因為 operator 其實就是一個 function 而已，所以第 14 行我們呼叫這個 plusOne function 後，會得到一個參數和回傳值都是 Observable 物件的 function，再把我們的來源 Observable 物件當參數傳入，然後訂閱測試結果。

Marble Testing 彈珠圖測試

比較簡單的情境我們單純的使用測試框架提供的功能來進行測試，便已經足以應付不少狀況了，但還是有些情境不是那麼適合，因此 RxJS 提供了一個 TestScheduler 測試工具，來協助我們以更直覺、圖像的方式處理各種同步、非同步的 RxJS 程式碼！

Scheduler 是用來「安排」事件發生時機點的工具，而 TestScheduler 就是其中一種，這種 Scheduler 可以幫助我們處理測試中遇到的各種問題。

❏ 認識 TestScheduler

TestScheduler 是 RxJS 開發出來協助我們撰寫測試程式的工具，它可以幫助我們：

- 將所有「非同步執行」的 RxJS 程式碼轉換成「同步執行」。
- 建立假的 Observable 物件，Hot 或 Cold Observable 都可以。
- 使用彈珠圖這種視覺化的方式確認程式碼運作結果。

TestScheduler 使用上也有些條件：「必須使用跟 timer 相關的 Observable 當作測試來源，如 timer、interval、delay 等等」，這類型的測試來源都是使用 asyncScheduler；而使用 Promise 或是其他非同步的 Scheduler 如 asapScheduler 和 animationFrameScheduler 則會變得比較不可靠，這是需要注意的一點。

當然，遇到這種狀況時，還是可以走回原來 subscribe callback 的測試方式。

❏ 使用 TestScheduler 的基本流程

起手式：建立 TestScheduler

要建立 TestScheduler 很簡單，因為它只是個類別，直接 new 它就好，而在建立時需要傳入一個 callback function 用來決定如何比較兩個物件是否相同：

```
1    const testScheduler = new TestScheduler((actual, expected) => {
2      expect(actual).toEqual(expected);
3    });
```

在範例中我們使用了 expect(...).toEqual(...) 的方式來判斷測試結果，以確保物件內所有屬性都完全相等。實際上則可以依照使用的測試框架或狀況來改變。

呼叫 run() 取得測試用的 helper

建立好 TestScheduler 後，我們需要呼叫該物件的 run() 方法，這個方法內也是一個 callback function，在此 function 內會得到一個 helper 物件，這個物件可以幫助我們「以同步的方式測試非同步 Observable 物件事件」，這個 helper 物件包含幾個方法：

- hot：依照指定的彈珠圖建立一個 Hot Observable 物件。
- cold：依照指定的彈珠圖建立一個 Cold Observable 物件。
- expectObservable(...).toBe(...)：用來判斷兩條 Observable 物件資料流是否結果相同。
- expectSubscription(...).toBe(...)：用來判斷「訂閱」和「結束訂閱」的結果是否符合預期。
- flush：用來立即完成一個 Observable 物件，通常用不到，有在很細微的控制測試需要。

❏ 認識測試用的彈珠圖

在 3-1 已經介紹過了「文字版彈珠圖」，裡面的符號在一般溝通時已經足夠使用，但在測試時，需要更精準的知道事件發生的時間，因此讓我們回顧一下基本的符號在測試時的意義，以及學習之前沒有用到，在測試時使用的符號：

- **-**：如同之前所介紹，它是一個時間的最小單位，在測試中我們稱為一個 frame，通時它也虛擬地代表了 1 毫秒。

- ：空白符號，一樣只是用來對齊使用，不會發生任何事情，也不代表時間。

- **[0-9]+[ms|s|m]**：代表經過了多少時間，畢竟一個 - 代表 1 毫秒，那一秒鐘要畫 1000 個 -，太辛苦了。

- **[a-z0-9]**：代表事件發生了，一個符號代表一次事件值發生了。

- **()**：用來群組同時間發生的資料，例如 (12) 並不是事件「十二」發生，而是同一個時間點（frame）發生了 1 和 2 兩個事件。

- **|**：Observable 物件訂閱完成。

- **#**：Observable 物件訂閱發生錯誤。

- **^**：代表訂閱開始的時間點，專門用來測試訂閱何時開始的。

- **!**：代表訂閱結束的時間點，專門用來測試訂閱何時停止的。

^ 和 ! 是測試訂閱專屬的符號，在測試 Observable 物件資料流程時不可使用；而在測試訂閱時機時，則可以使用 ^、!、和時間相關的符號如 - 和 [0-9]+[ms|s|m]，稍後看到實際程式會更加清楚。

實際畫幾個圖來說明一下。

使用時間符號取代時間 frame（ - ）：

```
----------

(10ms)

兩組發生時間一樣長
```

對齊加上時間符號：

```
--- 1s ---
實際上用掉了 1006 個 frames


---     ---
實際只用掉了 6 個 frames
```

事件發生加上時間符號：

```
a 1s b
a 事件發生後，再等待 1000 個 frames (1 秒 ) 後發生事件 b
```

事件發生在同一個 frame：

```
---  1  ---
---(abc)---


時間是 7 個 frames，事件 1 和 abc 都在同一個 frame 發生
```

訂閱發生時間：

```
---1---2---3---4---5|
   ^-----------|
     實際上訂閱的時間點
```

❑ 彈珠圖測試範例

接著就讓我們直接舉例，用彈珠圖來進行測試看看吧。

基本彈珠圖測試

為了方便示範，接下來我們會先把「測試目標程式碼」和「實際測試程式碼」寫在一起。

首先第一步，在每個要使用 TestScheduler 的測試之前，都需要建立一次
TestScheduler，因此我們用 beforeEach 來在每次測試前先建立好：

```
1   describe('使用 TestScheduler 測試', () => {
2     let testScheduler: TestScheduler;
3
4     beforeEach(() => {
5       testScheduler = new TestScheduler((actual, expected) => {
6         expect(actual).toEqual(expected);
7       });
8     });
9   });
```

接著只要在測試案例的 it 內，呼叫 testScheduler.run() 並執行測試即可，
以 take 為例：

```
1   test('測試 take operator', () => {
2     testScheduler.run(helpers => {
3       const {
4         cold, expectObservable, expectSubscriptions
5       } = helpers;
6
7       const sourceMarbleDiagram =  '---a---b---c---d---e---|';
8       const expectedSubscription = '^----------!';
9       const expectedResult =       '---a---b---(c|)';
10
11      const sourceObservable = cold(sourceMarbleDiagram);
12      const source$ = sourceObservable.pipe(take(3));
13
14      expectObservable(source$).toBe(expectedResult);
15      expectSubscriptions(sourceObservable.subscriptions)
16        .toBe(expectedSubscription);
17    });
18  });
```

第 2 行：呼叫 testScheduler.run 開始進行彈珠圖測試，在這個 callback function 內的 operators 都會改為使用 TestScheduler，並使用它內部設計的虛擬時間。

第 3~5 行：將需要的程式從 helpers 中取出。

第 7 行：來源 Observable 物件的資料流彈珠圖。

第 8 行：實際測試的 Observable 物件預期的訂閱時機點（何時開始訂閱、何時停止訂閱）。

第 9 行：實際測試的 Observable 物件預期產出的資料流彈珠圖。

第 11 行：依照第 7 行的彈珠圖，建立一個 Cold Observable 物件。

第 12 行：建立實際要測試的 Observable 物件，一般來說就是來源 Observable 物件（第 11 行建立）加上想要測試的 operators（以這邊的例子是 take(3)）。

第 14 行：使用 expectObservable 測試 source$ 訂閱後產生的資料流彈珠圖是否符合預期。

第 15 行：使用 expectSubscriptions 測試 source$ 的訂閱時機點（source Observable.subscription）是否符合預期。

這樣就完成第一個彈珠圖測試了！之後要進行彈珠圖測試時，可以用同樣的模式，把要被測試的目標換掉（以這邊的例子是 source$），以及設定正確的彈珠圖即可。

帶入指定物件到彈珠圖內

前一個範例中我們用 a、b 和 c 當作事件值，但實際上我們的來源 Observable 物件時不會只有這麼單純的文字資料而已，很多時候都是物件的處理，這

時候我們可以在呼叫 cold 和 hot 來建立 Observable 物件時給予一個對應事件名稱當作屬性的物件，當作來源資料；同時在 expectObservable 時用一樣的方式給予物件，當作結果資料。

先看個簡單的例子：

```
1    test('測試 map operator (帶入 value)', () => {
2      testScheduler.run(helpers => {
3        const { cold, expectObservable } = helpers;
4        const sourceMarbleDiagram = '--a--b--c--d--|';
5        const expectedResult =      '--w--x--y--z--|';
6
7        const sourceObservable = cold(
8          sourceMarbleDiagram, { a: 1, b: 2, c: 3, d: 4 });
9
10       const source$ = sourceObservable
11         .pipe(map(value => value + 1));
12
13       expectObservable(source$).toBe(
14         expectedResult, { w: 2, x: 3, y: 4, z: 5 });
15     });
16   });
```

第 4~5 行：彈珠圖，包含來源 Observable 物件和預期轉換成新的 Observable 物件的資料流彈珠圖。

第 7~8 行：使用 cold 建立 Cold Observable 物件時，除了給予彈珠圖文字外，也傳入一個對應事件名稱的物件，因此彈珠圖上的事件 a 實際上發出的事件值會是物件內的數字 1，以此類推。

第 13~14 行：在比較彈珠圖結果時，toBe 傳入預期的結果物件，因此彈珠圖上的事件 w 實際上會發出的事件值會是物件內的數字 2，以此類推。

看完簡單的例子後，改成帶入更複雜的物件看看，原理一樣：

```
1   test('測試 map operator (帶入更複雜的 value)', () => {
2     testScheduler.run(helpers => {
3       const { cold, expectObservable } = helpers;
4
5       const input = {
6         a: { name: 'Student A', score: 25 },
7         b: { name: 'Student B', score: 49 },
8         c: { name: 'Student C', score: 100 },
9         d: { name: 'Student D', score: 0 }
10      };
11      const expected = {
12        w: { name: 'Student A', score: 50 },
13        x: { name: 'Student B', score: 70 },
14        y: { name: 'Student C', score: 100 },
15        z: { name: 'Student D', score: 0 }
16      };
17
18      const sourceMarbleDiagram = '--a--b--c--d--|';
19      const expectedResult =      '--w--x--y--z--|';
20
21      const sourceObservable = cold(sourceMarbleDiagram, input);
22
23      const source$ = sourceObservable.pipe(
24        map(student => ({
25          ...student,
26          score: Math.sqrt(student.score) * 10 }))
27      );
28      expectObservable(source$).toBe(expectedResult, expected);
29    });
30  });
```

測試長時間的 Observable 物件

使用 TestScheuler 除了可以畫彈珠圖用視覺化方式理解測試外,另一個方便的部分就是 TestScheduler 會內建虛擬的時間,讓一切都變成「同步執行」的行為,儘管 Observable 物件資料流原來是每秒發生一次,在 TestScheduler 內也只是虛擬時間,不需要真的等待那麼長的時間,而彈珠圖中也可以直接用時間單位表達發生多久。

範例程式:

```
1   test('測試時間 time frame', () => {
2     testScheduler.run(helpers => {
3       const { cold, expectObservable } = helpers;
4
5       const sourceMarbleDiagram = '(123|)';
6       const expectedResult =      '--- 7ms 1 9ms 2 9ms (3|)';
7
8       const sourceObservable = cold(sourceMarbleDiagram);
9       const source$ = sourceObservable.pipe(
10        concatMap(value => of(value).pipe(delay(10)))
11      );
12
13      expectObservable(source$).toBe(expectedResult);
14    });
15  });
```

這裡重點測試是 source$ 內的 delay(10),透過 concatMap 讓原始 Observable 物件資料流的每個事件值都延遲 10ms 發生,然後串在一起。

而在 expectedResult 裡面 --- 7ms 實際上就是 10 毫秒,直接寫成 10 ms 也可以,意義完全一樣;整體 Observable 物件資料流彈珠圖則是 1 9ms 2 9ms (3|),值得注意的是每次事件發生的那個當下也代表了一個虛擬時間 frame,因此是 1 9ms(實際上用了 10ms)而不是 1 10ms(實際上用了

11ms），而最後事件值 3 發生後會直接結束，因此使用（）包起來，(3|) 代表兩個事件（3 和 |）是在同一個虛擬時間 frame 發生的。

如果要測試一個不會結束的 Observable 物件資料流，彈珠圖畫出來也只是沒有結束符號（|）而已，不會有資料流沒結束而只能持續等待的問題。

測試 Hot Observable 物件

Cold Observable 物件在每次訂閱時會重頭開始跑整個資料流事件，而 Hot Observable 物件則是單一個資料流，在不同時間點訂閱可能會得到不同的結果，因此 Hot Observable 物件測試時還有一個重點，就是「不同時間訂閱的得到的結果」，聽起來很麻煩，但一畫成彈珠圖就簡單多了！

範例程式：

```
1    test('測試 Hot Observable', () => {
2      testScheduler.run((helpers) => {
3        const { hot, expectObservable } = helpers;
4
5        const sourceMarbleDiagram = '--1--2--3--4--5--6--7--8';
6        const subscription1 =      '-------^-------!';
7        const subscription2 =      '-----------^-----!';
8        const expectedResult1 =    '--------3--4--5-';
9        const expectedResult2 =    '-----------4--5---';
10
11       const sourceObservable = hot(sourceMarbleDiagram);
12
13       expectObservable(sourceObservable, subscription1)
14         .toBe(expectedResult1);
15
16       expectObservable(sourceObservable, subscription2)
17         .toBe(expectedResult2);
18     });
19   });
```

範例程式我們指定了兩個訂閱時機（subscription1 和 subscription2），
從彈珠圖就可以看到開始訂閱和結束訂閱的時機點都不同；以及畫出兩種
預期得到資料的結果（expectedResult1 和 expectedResult2），在處理 Hot
Observable 時，可以在 expectObservable 中指定訂閱開始與結束的時機，藉
此來比較在該訂閱時段內，得到的彈珠圖是否與預期相同。

❏ 彈珠圖測試實戰

有了彈珠圖測試觀念後，就讓我們實際測試看看稍早範例專案內的測試目
標該如何以彈珠圖進行測試。

基本彈珠圖測試

直接來看看範例程式：

```
1    test('使用彈珠圖測試單一個事件的 Observable', () => {
2      testScheduler.run((helpers) => {
3        const { expectObservable } = helpers;
4
5        // 1 會被當事件字串，因此不能這樣寫
6        // const expectedResult = (1|);
7        const expected = '(a|)';
8        expectObservable(emitOne$).toBe(expected, { a: 1 });
9      });
10   });
```

這裡有一個值得注意的小地方，由於彈珠圖內的事件值預設都是字串，因
此 of(1) 雖然一般可以想成彈珠圖 (1|)，但在測試時 1 會被當作字串，而跟
結果比較不符合，所以比較正確的寫法是給一個字母如 a 當作事件點，然
後把物件傳入來指定該是件時間點的事件值。

多個事件值的 Observable 物件測試

對於有多個事件的 Observable 物件來說，可以畫彈珠圖會明顯好測試非常多：

```
1    test('使用彈珠圖測試多個事件的 Observable', () => {
2      testScheduler.run(helpers => {
3        const { expectObservable } = helpers;
4
5        const expected = '(abcd|)';
6        expectObservable(emitOneToFour$)
7          .toBe(expected, { a: 1, b: 2, c: 3, d: 4 });
8      });
9    });
```

非同步 Observable 物件測試

要測試非同步的 Observable 物件也不困難，在彈珠圖上標記經過時間即可：

```
1    test('使用彈珠圖測試非同步處理的 Observable', () => {
2      testScheduler.run((helpers) => {
3        const { expectObservable } = helpers;
4
5        // 因為事件本身佔一個 frame，所以用 999ms
6        const expected = 'a 999ms b 999ms c 999ms (d|)';
7        expectObservable(emitOntToFourPerSecond$)
8          .toBe(expected, { a: 0, b: 1, c: 2, d: 3 });
9      });
10   });
```

要注意的是，事件發生的時間點本身就佔了一個 frame。

更複雜的 Observable 物件測試

最後要來測試的是比較複雜的 debounceInput()。這個 debounceInput() 是三個 operators 組合起來的，所以至少根據每個 operator 特性會撰寫一組測試案例才對，同時這些測試案例的結果也必須符合組合起來的結果。

首先是最簡單的「文字長度大於等於 3」也就是是否符合 filter(data =>
data.length >= 3) 的條件：

```
1    test('文字長度大於等於 3 才允許事件發生', () => {
2      testScheduler.run((helpers) => {
3        const { cold, expectObservable } = helpers;
4        const input = {
5          a: 'rxjs',
6          b: 'rx',
7        };
8        const expectedOutput = {
9          x: 'rxjs',
10       };
11
12       // b 事件的內容不到 3 個字，因此沒有事件發生
13       const sourceMarbleDiagram = 'a 300ms    100ms b';
14       const expectedResult =      '  300ms x 100ms  ';
15
16       const sourceObservable = cold(sourceMarbleDiagram, input);
17       const source$ = sourceObservable.pipe(debounceInput());
18       expectObservable(source$)
19         .toBe(expectedResult, expectedOutput);
20     });
21   });
```

input 代表每次事件發生時輸入的內容，可以搭配 sourceMarbleDiagram 彈
珠圖一起看，而 expectedOutput 則搭配 expectedResult 彈珠圖一起看，
在事件 a 時間點時，輸入內容超過 3 個字，因此預期的 Observable 物
件資料流會得到這個資料，而事件 b 時間點只輸入 2 個字，因此在新的
Observable 物件資料流上沒有事件發生。同時考量到整個 operator 有一個
debounceTime(300)，因此事件 a 發生後等待 300ms 沒有新事件才會在新的
Observable 物件資料流上發生事件 x。

x 實際上就是 a 事件，因此我們也可以把 expectedResult 的 x 直接取代成 a，比較時可以都傳入 input 會更好理解這個彈珠圖，這裡只是示範帶入不同物件的方法。

接著測試 debounceTime(300) 的行為：

```
1    test('300ms 內沒有的輸入才允許事件發生', () => {
2      testScheduler.run((helpers) => {
3        const { cold, expectObservable } = helpers;
4        const input = {
5          a: 'rxjs-demo',
6          b: 'rxjs-test',
7          c: 'rxjs',
8        };
9
10       // a--b 後等待 100ms 繼續輸入文字 (事件 c)，
11       // 此時因為沒超過 300ms 所以沒有新事件。
12       // 之後 300ms 沒有新的輸入，將最後資料當作事件發送
13       const sourceMarbleDiagram = 'a--b 100ms c';
14       const expectedResult =      '---- 100ms 300ms c';
15
16       const sourceObservable = cold(sourceMarbleDiagram, input);
17       const source$ = sourceObservable.pipe(debounceInput());
18       expectObservable(source$).toBe(expectedResult, input);
19     });
20   });
```

考量到 filter(data => data.length >= 3) 的條件，我們將事件內容都設定超過 3 個字，而事件 a、b 和 c 之間的發生間隔都沒有超過設定的 300ms，因此過程中不會有新的事件，直到事件 c 發生後 300ms 沒有新事件，才在預期的 Observable 物件資料流發生來源 Observable 物件資料流的最後一個事件值 c。

最後測試 `distinctUntulChanged` 的行為：

```
1    test('事件值跟上次相同時，不允許本次事件發生', () => {
2      testScheduler.run((helpers) => {
3        const { cold, expectObservable } = helpers;
4
5        const input = {
6          a: 'rxj',
7          b: 'rxjs',
8          c: 'rxjs',
9          d: 'rxj',
10       };
11
12       // 由於 b 事件跟 c 事件的內容一樣，因此事件不會發生
13       // 由於 c 事件跟 d 事件的內容不同，因此事件繼續發生
14       const sourceMarbleDiagram = 'a 300ms    b 300ms    c 300ms d';
15       const expectedResult =       '  300ms a    300ms b - 300ms    300ms d';
16
17       const sourceObservable = cold(sourceMarbleDiagram, input);
18       const source$ = sourceObservable.pipe(debounceInput());
19       expectObservable(source$).toBe(expectedResult, input);
20     });
21   });
```

一樣的需要考量到 `debounce(300)` 和 `filter(data => data.length >= 3)` 的問題；事件 a 發生後 300ms 發生在新的 Observable 物件資料流上，事件 b 也是；而事件 c 和事件 b 因為內容相同沒有改變，因此不會發生在新的 Observable 物件資料流上。

在面對複雜的 Observable 資料流時，使用彈珠圖來撰寫測試程式，不僅可以幫助我們用非常視覺化的方式，來確認資料流程是否正確，也可以大幅簡化測試程式碼，真的非常方便！

方便的 RxJS 測試套件：observer-spy

在前一部分中，我們使用了 RxJS 內建的工具來編寫彈珠圖測試。彈珠圖
測試提供一種極具視覺效果的方式讓我們對 RxJS 進行測試。然而，RxJS
預設提供的測試工具對「時間」因素非常敏感。換句話說，在編寫彈珠圖
時，測試案例往往會因為微小的時間差而失敗，例如：

```
test('時間敏感的彈珠圖測試案例', () => {
  testScheduler.run((helpers) => {
    const { cold, expectObservable } = helpers;

    const sourceMarbleDiagram = '(abc|)';
    // 把 xxms 改掉，就會看到測試失敗
    const expectedResult = '10ms x 9ms y 9ms (z|)';

    const sourceObservable = cold(
        sourceMarbleDiagram, { a: 1, b: 2, c: 3 }
    );
    const source$ = sourceObservable.pipe(
      concatMap((value) =>
        of(value).pipe(
          delay(10),
          map((data) => data * 2)
        )
      )
    );

    expectObservable(source$).toBe(
        expectedResult, { x: 2, y: 4, z: 6 }
    );
  });
});
```

在這個範例中，我們來將源資料流中的每個事件都延遲 10 毫秒，並將其內容乘以 2，形成新的資料流。然而，在編寫測試案例時，由於每個事件本身就佔用 1 毫秒的時間，因此初始延遲應該設定為 10 毫秒，隨後的每個事件延遲都應調整為 9 毫秒，若有微小的時間差異，即便只有一點點，都可能導致測試案例執行失敗。

然而，有時我們並不一定需要如此嚴格地考慮時間因素。在這種情況下，我們可以選擇上一節提到的實際訂閱資料流的方法，將資料存儲後再進行比較。由於存在 delay(10)，這是一個非同步的過程，因此需要搭配非同步的處理方式，通常使用回傳 Promise 物件的方式。然後，在訂閱的 complete() 方法內進行結果比較，最終宣告測試完成，例如：

```
1    test('對時間不敏感的測試方式', () =>
2      new Promise<void>((done) => {
3        const source$ = of(1, 2, 3);
4        const result$ = source$.pipe(
5          concatMap((value) =>
6            of(value).pipe(
7              delay(10),
8              map((data) => data * 2)
9            )
10         )
11       );
12       const expected = [2, 4, 6];
13
14       const actual: number[] = [];
15       result$.subscribe({
16         next: (value) => {
17           actual.push(value);
18         },
19         complete: () => {
20           expect(actual).toEqual(expected);
```

```
21          done();
22        },
23      });
24    }));
```

不過有時候即使成功運作，前面提到的問題，例如拉長整體測試時間問題仍然存在，例如將延遲時間變成 delay(2000)，那麼整體執行時間會超過預設的逾時時間 5 秒，造成測試錯誤。

為了解決這類問題，我們還是可以搭配 RxJS 的 TestScheduler 來進一步將運作時間長、非同步的程式簡化成同步的函數，並進一步包裝成共用的方法。

不過現在不用那麼麻煩了，網路上已經有高手都幫我們包裝好讓我們直接使用；我們可以安裝 observer-spy[4] 這個套件：

```
> npm i -D @hirez_io/observer-spy
```

接著我們就可以透過 subscribeSpyTo 來幫我們訂閱來源 Observable 物件，並且驗證結果：

```
1    import { subscribeSpyTo } from '@hirez_io/observer-spy';
2
3    describe('使用 @hirez_io/observer-spy 套件測試', () => {
4      test('使用 subscribeSpyTo 測試', async() => {
5        const source$ = of(1, 2, 3);
6        const result$ = source$.pipe(
7          concatMap((value) =>
8            of(value).pipe(
9              delay(10),
10             map((data) => data * 2)
```

---

4 observer-spy：https://github.com/hirezio/observer-spy#readme

```
11          )
12        )
13      );
14      const expected = [2, 4, 6];
15
16      const observerSpy = subscribeSpyTo(result$);
17      await observerSpy.onComplete();
18
19      expect(observerSpy.getValues()).toEqual(expected);
20    });
21  });
```

第 16 行：使用 subscribeSpyTo 直接訂閱要測試的 Observable 物件，以取得一個 observer spy 物件。

第 17 行：由於是非同步的資料流，因透過呼叫 observer spy 提供的 onComplete() 方法，等待資料流結束。

第 19 行：等待資料流結束後，呼叫 observer spy 的 getValues() 方法，即可得到整條資料流上發生的事件值。

透過使用他人編寫的套件，我們可以省去自行訂閱的繁瑣步驟。不過，目前仍存在一個問題：subscribeSpyTo 會直接訂閱待測試的 Observable 物件，這可能導致非同步的資料流仍然會延長測試時間，甚至可能引起超時問題。

為了解決這個問題，我們可以使用套件提供的 fakeTime 功能。fakeTime 會利用 RxJS 提供的 TestScheduler 來避免非同步程式導致的測試時間延長的問題：

```
1   import { fakeTime, subscribeSpyTo } from '@hirez_io/observer-spy';
2
3   describe('使用 @hirez_io/observer-spy 套件測試', () => {
4     test(
```

```
 5        '使用 fakeTime + flush 測試',
 6        fakeTime(async (flush) => {
 7          const source$ = of(1, 2, 3);
 8          const result$ = source$.pipe(
 9            concatMap((value) =>
10              of(value).pipe(
11                delay(2000), // 時間再長也沒關係
12                map((data) => data * 2)
13              )
14            )
15          );
16          const expected = [2, 4, 6];
17
18          const observerSpy = subscribeSpyTo(result$);
19          flush();
20          await observerSpy.onComplete();
21          const actual = observerSpy.getValues();
22          expect(actual).toEqual(expected);
23        })
24      );
25    });
```

第 6 行：將要測試的程式用 fakeTime 包裝起來，相當於使用 RxJS 提供的
TestScheduler 一樣，但提供了一個 flush 是一個額外的方法，用來將時間進
行快轉 (這個 flush 方法也是 RxJS 的 TesetScheduler 內建的)。

第 18 行：使用 subscribeSpyTo 直接訂閱要測試的 Observable 物件，以取得
一個 observer spy 物件。

第 19 行：呼叫 flush 方法以模擬時間快轉。

接下來的步驟就與一般的測試相似；但透過 fakeTime 的包裝，即使是執行
耗時的 Observable 物件，我們也不用擔心測試時間過長的問題。

observer-spy 套件不僅提供了這項功能，還有許多其他工具，協助我們處理非同步的資料流，並應對訂閱中的各種狀態，例如錯誤處理等等。更多詳細資訊可以直接參考 observer-spy 的官方文件。

▶ 5-4 提高 RxJS 程式碼品質與一致的風格：eslint-plugin-rxjs

在開發大型專案的過程中，確保程式碼的一致性和可讀性是一項重要的挑戰。於是有了 ESLint[5] 的出現，ESLint 可以用來確保我們能夠寫出風格一致的程式碼，並且提早找出一些常見的程式碼問題甚至加以修正。同時 ESLint 也提供了大量的設定選項和外掛，讓開發者可以自定義規則或使用別人已經定義好的規則。

當然，針對 RxJS 也有相關的外掛可以用，以確保我們寫出來的 RxJS 風格更加一致且 bug 更少！

安裝 ESLint

首先我們要先替專案加入 ESLint 功能，並初始化一些設定選項，方法簡單，值以下指令即可：

```
> npm init @eslint/config
```

過程中會詢問你一些設定的問題，問題過程可能隨著套件更新或根據回答而有所不同，以下是一個簡單範例：

5　ESLint：https://eslint.org/

首先，會先詢問我們預計要如何使用 ESLint，這邊我的選擇是檢查語法、尋找問題且確保程式碼風格。

```
? How would you like to use ESLint? …
  To check syntax only
  To check syntax and find problems
› To check syntax, find problems, and enforce code style
```

圖 5-19

接著詢問我們在專案中管理模組的方式，這邊我選擇 JavaScript module，也就是 ESModule。

```
? What type of modules does your project use? …
› JavaScript modules (import/export)
  CommonJS (require/exports)
  None of these
```

圖 5-20

如果有用特地的前端框架，也可以在這時候選擇，以安裝一些預設外掛，不過以本書來說不被任何框架限制，選擇 None。

```
? Which framework does your project use? …
  React
  Vue.js
› None of these
```

圖 5-21

有使用 TypeScript 的話也可以在此時選擇，來預先安裝 TypeScript 相關的 ESLint 外掛。

```
? Does your project use TypeScript? › No / Yes
```

圖 5-22

程式碼專案是執行在瀏覽器上，還是以 node.js 執行？這裡可以複選。

```
? Where does your code run? … (Press <space> to select, <a> to toggle all, <i> to invert selection)
✔ Browser
✔ Node
```

圖 5-23

要不要使用預設常用的風格設定呢？這裡可以選擇預設常見的設定，也可以選擇稍後以詢問的方式進行設定，這裡我選擇以詢問的方式設定。

```
? How would you like to define a style for your project? …
  Use a popular style guide
› Answer questions about your style
```

圖 5-24

設定檔的格式，基本上不會差太多，也都看得懂，挑自己喜歡的就好，這邊以 JSON 作範例。

```
? What format do you want your config file to be in? …
  JavaScript
  YAML
› JSON
```

圖 5-25

接著就是風格的詢問，第一個問題是縮排你喜歡用「Tab」還是「空白」呢？

```
? What style of indentation do you use? …
  Tabs
› Spaces
```

圖 5-26

作為範例我選擇了「空白」，之後自動幫我設定了 4 個空白作為縮排，不過以我自己的習慣是使用 2 個空白，別擔心，之後可以再進行調整。

```
✔ What format do you want your config file to be in? · JSON
✔ What style of indentation do you use? · 4
```

圖 5-27

字串用「雙引號」還是「單引號」？我自己習慣用單引號。

```
? What quotes do you use for strings? …
  Double
> Single
```

圖 5-28

使用 Unix 系列的結尾符號（LF，或稱 \n）或是 Windows 系列的結尾符號（CRLF，或稱 \r\n），不管你用哪種作業系統，其實以現在較新的編輯器來說影響都不大了，個人偏好選擇使用 Windows 風格的結尾符號，畢竟大專案通常也不是一個人在開發的。

```
? What line endings do you use? …
  Unix
> Windows
```

圖 5-29

需不需要使用分號（;）結尾？

```
? Do you require semicolons? › No / Yes
```

圖 5-30

接著就是詢問要不要在這時候安裝套件等等

```
The config that you've selected requires the following dependencies:

@typescript-eslint/eslint-plugin@latest @typescript-eslint/parser@latest
✔ Would you like to install them now? · No / Yes
✔ Which package manager do you want to use? · npm
Installing @typescript-eslint/eslint-plugin@latest, @typescript-eslint/parser@latest

up to date, audited 301 packages in 752ms

122 packages are looking for funding
  run `npm fund` for details

found 0 vulnerabilities
Successfully created .eslintrc.json file in /Users/wellwind/GitHub/rxjs-book-2nd-marble-testing-demo
```

圖 5-31

在設定過程中，會幫我們安裝一些 ESLint 相關的套件與外掛功能，同時會產生一個 .eslintrc.json 檔案（因為設定過程中我們選擇 JSON 格式）。

之後我們可以執行以下指令，來對整個專案進行掃瞄，找出有問題的地方：

```
> npx eslint .
```

以前一節介紹撰寫測試程式的專案為例，執行的輸出結果如下：

```
  43:1   error  Expected indentation of 8 spaces but found 4     indent
  44:1   error  Expected indentation of 8 spaces but found 4     indent
  45:1   error  Expected indentation of 12 spaces but found 6    indent
  46:1   error  Expected indentation of 8 spaces but found 4     indent
  47:1   error  Expected indentation of 4 spaces but found 2     indent

✘ 330 problems (330 errors, 0 warnings)
  330 errors and 0 warnings potentially fixable with the `--fix` option.
```

圖 5-32

可以看到會輸出專案內有問題的程式碼以及行號，還有錯誤的原因等等資訊。以前圖例來說幾乎都是縮排問題，之前進行設定時，ESLint 預設產出來的設定檔用了 4 個空白作為縮排，我們可以在 .eslintrc.json 內看到這個設定：

```
 1    {
 2        "env": { ... },
 3        "extends": [ ... ],
 4        "parser": "@typescript-eslint/parser",
 5        "parserOptions": { ... },
 6        "plugins": [ ... ],
 7        "rules": {
 8            "indent": [
 9                "error",
10                4
11            ],
12            ...
```

```
13        }
14    }
```

我們只要把 "indend": ["error", 4] 中的數字改成 2 即可，存擋後再執行一次檢查指令：

```
 · 18.17.0  ~/GitHub/rxjs-book-2nd-marble-testing-demo   main ✗ ● ★   npx eslint .
/Users/wellwind/GitHub/rxjs-book-2nd-marble-testing-demo/src/tests/marble-testing-basic.test.ts
  88:7  error  Missing semicolon  semi

✗ 1 problem (1 error, 0 warnings)
  1 error and 0 warnings potentially fixable with the `--fix` option.
```

圖 5-33

可以看到只剩下一個錯誤了，看起來是某個檔案忘了加上分號作為結尾，我們可以在檢查時加上 --fix，讓 ESLint 嘗試再幫我們修復一些問題：

```
 · 18.17.0  ~/GitHub/rxjs-book-2nd-marble-testing-demo   main ✗ ● ★   npx eslint . --fix
(base)
 · 18.17.0  ~/GitHub/rxjs-book-2nd-marble-testing-demo   main ✗ ● ★   npx eslint .
(base)
```

圖 5-34

修正後再執行一次檢查，就可以看到沒有任何錯誤囉。當然不是所有問題都可以自動被修正，這時候就要手動處理了。

修正程式碼風格後，建議最好還是檢查一下改了哪些地方，同時測試看看功能是否一切正常。

除了下指令進行檢查以外，多數常見的程式碼編輯器也都有支援 ESLint 的擴充套件，方便我們在開發時可以及時發現問題，以 Visual Studio Code 的 ESLint 擴充套件 [6] 來說，安裝後可以在有問題的程式碼直接顯示出問題：

6　ESLint 的 Visual Studio Code 擴充套件：https://marketplace.visualstudio.com/items?itemName=dbaeumer.vscode-eslint

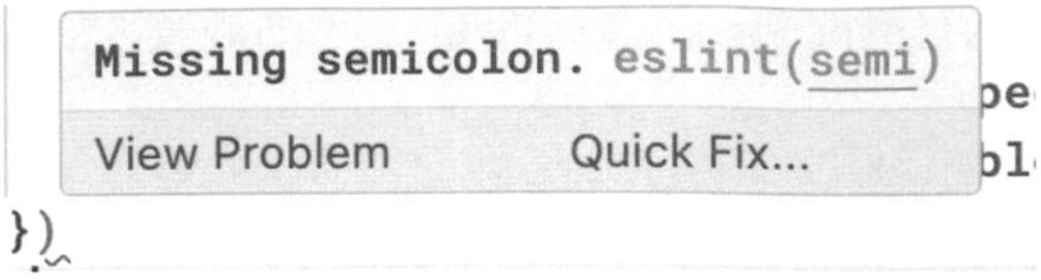

圖 5-35

點擊 Quick Fix 後，也會跳出一些選項，我們可以決定是否要自動修正這些問題：

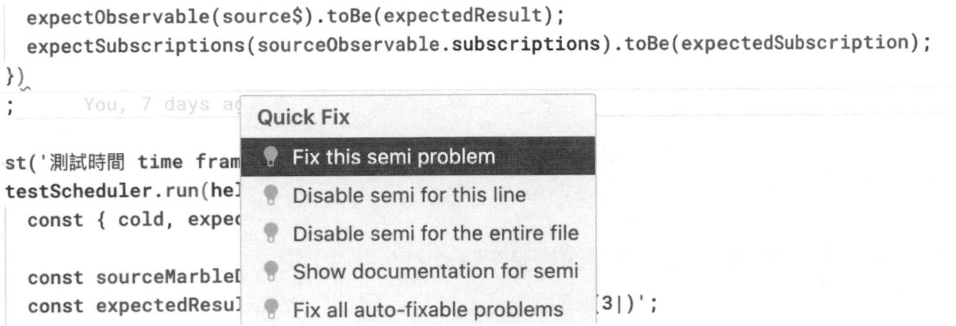

圖 5-36

安裝 eslint-plugin-rxjs

安裝並設定完 ESLint 後，我們就可以針對 RxJS 額外安裝外掛 eslint-plugin-rxjs[7]，來確保我們寫出的 RxJS 程式碼有更高的品質以及一致的風格，安裝指令如下：

```
> npm install --save-dev eslint-plugin-rxjs
```

---

7 eslint-plugin-rxjs 套件介紹：https://github.com/cartant/eslint-plugin-rxjs

接著就可以打開 `.eslintrc.json` 進行設定，我們需要在 `"plugins": []` 中加入 `"rxjs"`，如：

```
1    "plugins": [
2        ...,
3        "rxjs"
4    ]
```

如果使用 TypeScript，還需要在 `"parseOptions": {}` 中指定 `tsconfig.json` 檔的位置

```
1    "parserOptions": {
2        ...,
3        "project": "./tsconfig.json"
4    }
```

最後我們可以加入預設推薦的規則到 `"extends": []` 中：

```
1    "extends": [
2        ...,
3        "plugin:rxjs/recommended"
4    ]
```

我們可以從 eslint-plugin-rxjs 文件中看到所有的規則 [8]，有被勾起來的就是推薦規則，有一個板手符號的則是代表可以被 `--fix` 參數自動修復；點擊規則名稱就可以看到更詳細的範例。

---

8 eslint-plugin-rxjs 所有規則：https://github.com/cartant/eslint-plugin-rxjs?tab=readme-ov-file#rules

Rule	Description		
ban-observables	Forbids the use of banned observables.		
ban-operators	Forbids the use of banned operators.		
finnish	Enforces the use of Finnish notation.		
just	Enforces the use of a `just` alias for `of` .		🔧
no-async-subscribe	Forbids passing `async` functions to `subscribe` .	☑	
no-compat	Forbids importation from locations that depend upon `rxjs-compat` .		
no-connectable	Forbids operators that return connectable observables.		
no-create	Forbids the calling of `Observable.create` .	☑	
no-cyclic-action	Forbids effects and epics that re-emit filtered actions.		

圖 5-37

以 no-create 這個規則舉例，因為他在推薦規則內，當我們使用 Observable.create 方法來建立 Observable 物件時，就會跳出錯誤提示：

```
Observable.create(observer => {
  observer.
  observer.    'create' is deprecated. ts(6385)
  observer.    Observable.d.ts(35, 8): The declaration was marked as deprecated here.
  observer.    Observable.create is forbidden; use new Observable. eslint(rxjs/no-create)
  observer.    (property) Observable<T>.create: (...args: any[]) => any
});          Creates a new Observable by calling the Observable constructor
```

圖 5-38

透過將推薦的規則加入 ESLint，我們就可以避免寫出一些常見會造成問題的 RxJS 程式，也能確保團隊內具有一致的風格囉！

▶ 5-5 深入觀察 RxJS 狀態，除錯更容易： rxjs-spy

RxJS 讓我們能以更好的方式處理資料流，針對資料流內不同的內容作出回應，搭配很多好用的 operators 可以減少我們重複造輪子的困擾，這是高度封裝的好處，但缺點也是我們容易失去對細節的掌控，當我們很快樂的串起了很多個 operators 後，也可能會迷失在這一大串的操作流程內，難以掌握資料流過程的變化。

過去如果想要掌握資料流的變化，最簡單的方式就是使用 tap operator 搭配 console.log：

例如：

```
1    const buttonClick$ = fromEvent(
2      document.querySelector('#getData')!, 'click');
3
4    buttonClick$
5      .pipe(
6        concatMap(() =>
7          timer(0, 1000).pipe(
8            take(5),
9            tap((index) => console.log(`currentTime: ${index}`)),
10           map((index) => index * 2 + 1),
11           tap((postId) => console.log(`postId: ${postId}`)),
12           switchMap((index) => {
13             return ajax<{ title: string }>(
14               `https://jsonplaceholder.typicode.com/posts/${(index % 10) + 1}`
15             );
16           }),
17           map((result) => result.response),
18           map((post) => post.title),
```

```
19        tap((title) => console.log(`postTitle: ${title}`))
20      )
21    )
22  )
23  .subscribe(() => {});
```

這段程式我們在許多想觀察的步驟都加上 tap 以及 console.log 以便即時得知資料流內的狀態，這樣當然沒什麼問題，不過每次要重新測試就要跑過整個資料流重新觀察，也是很累的一件事情，而且如果我現在只想要觀察其中一個步驟，還要花力氣去清理程式。

如果我們能更容易的觀察整個過程就好了！幸好，有個好用的 library：rxjs-spy[9]，可以幫助我們快速的掌握整個資料流的變化。

我們可以透過以下指令在專案內安裝 rxjs-spy 套件

```
> npm i --save rxjs-spy
```

接著可以建立一個 spy 物件

```
1  import { create as rxJsSpyCreate } from 'rxjs spy';
2  rxJsSpyCreate();
```

這個 create 方法呼叫後，會在全域的 window 物件中加入一個 spy 物件，稍後我們可以用這個物件來觀察資料流狀態。

接著我們可以用 rxjs-spy 提供的 tag operator，把原來的 tap 都換掉，改成替目前資料流的狀態「加上一個標籤」：

---

9   rxjs-spy：https://github.com/cartant/rxjs-spy

```
1    import { tag } from 'rxjs-spy/operators';
2
3    const buttonClick$ = fromEvent(
4      document.querySelector('#getData')!, 'click');
5
6    buttonClick$
7      .pipe(
8        concatMap(() =>
9          timer(0, 1000).pipe(
10           take(5),
11           tag('current-time'),
12           map((index) => index * 2 + 1),
13           tag('post-id'),
14           switchMap((index) => {
15             return ajax<{ title: string }>(
16               `https://jsonplaceholder.typicode.com/posts/${(index % 10) + 1}`
17             );
18           }),
19           map((result) => result.response),
20           map((post) => post.title),
21           tag('post-title')
22         )
23       )
24     )
25     .subscribe(() => {});
```

接著重新執行程式的過程，就不會看到任何 console.log 輸出的內容了，那們要如何觀察這些資料狀態呢？我們可以先打開 Chrome DevTools 後，在 console 中輸入 spy.log() 來開啟紀錄，之後再去觸發讓這段資料流被執行，就可以看到每個標籤所代表的資料流狀態：

```
Tag = post-title; notification = subscribe; matching /.+/
Tag = post-id; notification = subscribe; matching /.+/
Tag = current-time; notification = subscribe; matching /.+/
Tag = current-time; notification = next; matching /.+/; value = 0
Tag = post-id; notification = next; matching /.+/; value = 1
Tag = post-title; notification = next; matching /.+/; value = qui est esse
Tag = current-time; notification = next; matching /.+/; value = 1
Tag = post-id; notification = next; matching /.+/; value = 3
Tag = post-title; notification = next; matching /.+/; value = eum et est occaecati
Tag = current-time; notification = next; matching /.+/; value = 2
Tag = post-id; notification = next; matching /.+/; value = 5
Tag = post-title; notification = next; matching /.+/; value = dolorem eum magni eos aperiam quia
Tag = current-time; notification = next; matching /.+/; value = 3
Tag = post-id; notification = next; matching /.+/; value = 7
Tag = post-title; notification = next; matching /.+/; value = dolorem dolore est ipsam
Tag = current-time; notification = next; matching /.+/; value = 4
Tag = post-id; notification = next; matching /.+/; value = 9
Tag = current-time; notification = complete; matching /.+/
Tag = post-id; notification = complete; matching /.+/
Tag = post-id; notification = unsubscribe; matching /.+/
Tag = current-time; notification = unsubscribe; matching /.+/
Tag = post-title; notification = next; matching /.+/; value = optio molestias id quia eum
Tag = post-title; notification = complete; matching /.+/
Tag = post-title; notification = unsubscribe; matching /.+/
```

圖 5-39

我們也可以呼叫 spy.show() 來看到所有標籤最近的狀態

```
▼ 3 snapshot(s) matching /.+/
  ▼ Tag = post-title
      Path = /observable/function/tag/function/tag/function/function/function/tag
    ▼ 1 subscriber(s)
      ▼ Subscriber
          Value count = 5
          Last value = optio molestias id quia eum
          State = complete
          Unsubscribed = true
          Root subscribe  ▶ (3) [StackFrame, StackFrame, StackFrame]
  ▼ Tag = post-id
      Path = /observable/function/tag/function/tag
    ▼ 1 subscriber(s)
      ▼ Subscriber
          Value count = 5
          Last value = 9
          State = complete
          Unsubscribed = true
          Root subscribe  ▶ (3) [StackFrame, StackFrame, StackFrame]
  ▼ Tag = current-time
      Path = /observable/function/tag
    ▼ 1 subscriber(s)
      ▼ Subscriber
          Value count = 5
          Last value = 4
          State = complete
          Unsubscribed = true
          Root subscribe  ▶ (3) [StackFrame, StackFrame, StackFrame]
```

圖 5-40

如果只想顯示特定標籤的狀態，可以在 `spy.log()` 那回傳一個檢查方法，或是直接用 regular expression：

```
1    spy.log(tag => tag?.startsWith('post-'));
2    spy.log(/post-*/);
```

如果是在持續執行中的資料流，我們可以用 `spy.pause()` 來在某個標籤時暫停：

```
1    const deck = spy.pause('post-id');
```

這個過程中我們會拿到一個 deck 物件，裡面有許多好方法可以用，其中有一個 resume，可以讓我們繼續整個資料流：

```
1    deck.resume();
```

rxjs-spy 還有提供很多方法，這邊只提一些簡單的，有興趣的話可以再到文件中挖寶喔。

▶ 5-6 與 Promise 搭配使用

RxJS 非常擅長處理持續發生事件的資料流，不過有些時候我們可能只需要其中一個事件資料（第一筆、最後一筆、或是資料流中間的特定一筆資料），卻還是需要在 subscribe 的 callback 方法內處理，對於一些比較複雜的情境，寫起程式還是比較麻煩，如果不是持續發生事件的資料流，對於只有一個事件的情境，還是使用 Promise 搭配 async/await，寫起來會更加流暢，如果有這樣的情境，我們可以使用 firstValueFrom[10] 和 lastValueFrom[11] 兩個 RxJS 內建的函數來輔助我們將資料流轉成 Promise 物件。

將資料流第一個事件轉成 Promise

我們可以使用 firstValueFrom 來取得整個 Observable 第一次發生的事件資料，並以 Promise 的方式回傳：

---

10 firstValueFrom：https://rxjs.dev/api/index/function/firstValueFrom

11 lastValueFrom：https://rxjs.dev/api/index/function/lastValueFrom

```
1    import { firstValueFrom, of } from 'rxjs';
2
3    const doSomething = async () => {
4      const value = await firstValueFrom(of('1', '2', '3'));
5      console.log(value);
6    };
7
8    doSomething();
9    // 1
```

很簡單吧，要注意的是，如果 Observable 資料流沒有發生任何事件就結束了，那麼會得到「no elements in sequence」的錯誤：

```
1    import { firstValueFrom, EMPTY } from 'rxjs';
2
3    const doSomething = async () => {
4      const value = await firstValueFrom(EMPTY);
5      console.log(value);
6    };
7
8    doSomething().catch(error => {
9      console.log(error);
10     // EmptyError: no elements in sequence
11   });
```

將資料流最後一個事件轉成 Promise

我們可以使用 lastValueFrom 來取得整個 Observable 資料流完成後，以 Promise 的方式回傳最後一次發生的事件資料：

```
1    import { lastValueFrom, of } from 'rxjs';
2
3    const doSomething = async () => {
```

```
4     const value = await lastValueFrom(of('1', '2', '3'));
5     console.log(value);
6   };
7
8   doSomething();
9   // 3
```

與 firstValueFrom 一樣，如果資料流中沒有發生任何事件就結束了，也會得到「no elements in sequence」的錯誤。

另外一個要小心的地方是，由於 firstValueFrom 會在訂閱後第一次發生事件就結束，但對於 lastValueFrom 來說，如果傳入的 Observable 物件是完全不會結束資料流，那麼就會永遠拿不到資料。

將資料流中特定某個事件資料轉成 Promise

前面兩種方式會取得資料流的第一個獲最後一個事件資料，如果我要取得資料流特定某個位置的資料呢？例如：某個資料流前三次事件是雜訊，第四次事件才是我要的資料，這時候可以透過 skip operator 搭配 firstValueFrom 使用：

```
1    import { firstValueFrom, of, skip } from 'rxjs';
2
3    const doSomething = async () => {
4      const source$ = of('1', '2', '3', '4', '5');
5      const value = await firstValueFrom(source$.pipe(skip(3)));
6      console.log(value);
7    };
8
9    doSomething();
10   // 4
```

反過來，我們也可以使用 take operator 加上 lastValueFrom 組合：

```
1    import { lastValueFrom, of, take } from 'rxjs';
2
3    const doSomething = async () => {
4      const source$ = of('1', '2', '3', '4', '5');
5      const value = await lastValueFrom(source$.pipe(take(4)));
6      console.log(value);
7    };
8
9    doSomething();
10   // 4
```

如果是要「符合特定條件的時候，立刻回傳結果」呢？那可以考慮用 filter operator 加上 firstValueFrom：

```
1    import { firstValueFrom, of, filter } from 'rxjs';
2
3    const doSomething = async () => {
4      const source$ = of('1', '2', '3', '4', '5');
5      const value = await firstValueFrom(
6        source$.pipe(filter((value) => value === '4'))
7      );
8      console.log(value);
9    };
10
11   doSomething();
12   // 4
```

只要善用 RxJS 提供的 operators，就可以輕易地玩出各種變化！

Note

Note